社会责任视角下丝绸之路经济带环境信息披露研究

王小红◎著

中国纺织出版社

国家一级出版社
全国百佳图书出版单位

内 容 提 要

本书在综述环境会计信息披露文献的基础上，首先分析了丝绸之路经济带实施环境会计存在的问题及原因，对丝绸之路经济带实施环境会计中存在问题的原因进行了深入的剖析；其次对丝绸之路经济带中西北五省区特别是重点区域陕西省，进行了历史性的实证研究与回顾；而后从年报和社会责任报告视角分别分析了丝绸之路经济带环境会计信息披露的现状，即从西北五省区和西南四省区上市公司环境会计信息披露的内容及方式方面进行了重点分析。

图书在版编目（CIP）数据

社会责任视角下丝绸之路经济带环境信息披露研究 / 王小红著 . —北京：中国纺织出版社，2018.6 （2024.2重印）

ISBN 978 - 7 - 5180 - 5186 - 1

Ⅰ . ①社… Ⅱ . ①王… Ⅲ . ①企业环境管理—环境会计—会计信息—研究— 中国 Ⅳ . ① X322.2 ② F279.23

中国版本图书馆 CIP 数据核字（2018）第 149281 号

策划编辑：陈 芳 　　　　　　　　　责任印制：储志伟

中国纺织出版社出版发行
地址：北京市朝阳区百子湾东里 A407 号楼 邮政编码：100124
销售电话：010 － 67004422 传真：010 － 87155801
http://www.c-textilep.com
E-mail: faxing@c-textilep.com
中国纺织出版社天猫旗舰店
官方微博 http://weibo.com/2119887771
北京兰星球彩色印刷有限公司印刷 各地新华书店经销
2018 年 06 月第 1 版 2024 年 2 月第 3 次印刷
开本：710×1000 1/16 印张：15.75
字数：184 千字 定价：88.00 元

前　言

环境问题一直以来都是全世界关注的焦点问题，而环境问题的产生主要来源于企业不当的生产经营活动。这就要求企业必须坚持"谁污染谁治理"的基本原则，企业在获得经济利益的同时，必须采取一定的措施弥补其对环境的破坏。本书正是基于此背景，从我国大力提倡企业履行社会责任的视角，以丝绸之路经济带为依托，研究了丝绸之路经济带中的西北五省区和西南四省区企业环境会计信息披露问题。

本书在综述环境会计信息披露国内外文献的基础上，首先分析了丝绸之路经济带实施环境会计存在的问题及原因，对丝绸之路经济带实施环境会计中存在问题的原因进行了深入的剖析；其次对丝绸之路经济带中西北五省区特别是重点区域陕西省，进行了历史性的实证研究与回顾；而后从年报和社会责任报告视角分别分析了丝绸之路经济带环境会计信息披露的现状，即从西北五省和西南四省上市公司环境会计信息披露的内容及方式方面进行了重点分析，同时从社会责任报告视角，分析了丝绸之路经济带上市公司环境会计信息披露现状，得出西南四省的企业环境会计信息披露状况较好；再次结合社会责任背景对丝绸之路经济带上市公司环境会计信息披露进行了实证研究，分别从未引入社会责任变量和引入社会责任变量两个方面进行了对比实证研究，最终得出新加入的环境规制程度对环境会计信息披露具有显著的影响作用，但是社会责任披露指数的变量对环境会计信息披露的影响不够显著；最后研究从外部影响域和内部影响域的十个具体方面为丝绸之路经济带提出完善企业环境会计信息披露的对策与建议，以期促进丝绸之路经济带伟大战略的有效实施。

王小红
2018 年 3 月

目　录

1 绪 论

1.1 研究背景

2013 年，中国国家主席习近平在哈萨克斯坦纳扎尔巴耶夫大学演讲时，提出共建丝绸之路经济带的美好愿景。即在古代丝绸之路概念基础上形成一个新的经济发展区域，主要包括西北五省（区）（陕西省、甘肃省、青海省、宁夏回族自治区、新疆维吾尔自治区）以及西南四省（市、区）（四川省、重庆市、广西壮族自治区、云南省）。西部地区自然资源丰富，被称为 21 世纪的战略能源和资源基地，矿产资源储量可观，一些稀有金属的储量名列全国乃至世界的前茅。但长期以来，过度依赖资源的经济发展模式给环境造成巨大压力，在实施丝绸之路经济带伟大战略构想时，转变经济发展方式，发展循环经济，督促上市公司披露环境会计信息，实时监督其环境行为，避免上市公司一味追求经济利益而忽略生态环境，实现经济与环境的双赢，显得尤为重要。

2014 年 4 月 24 日，《环保法修订案》表决通过，新《环保法》已于 2015 年 1 月 1 日施行。新《环保法》首次将生态保护红线写入法律，新增"按日计罚"的制度，并规定了行政拘留的处罚措施，法律责任更加严厉。上市公司面临的环保风险加大，其生产经营活动将受到更多来自环境的约束。由此，政府等监管部门对于上市公司环境会计信息的需求增大，环境会计信息披露将成为上市公司信息披露的重点内容。

2015 年 9 月 26 日，国家主席习近平出席联合国发展峰会指出"我们要构筑尊崇自然、绿色发展的生态体系。要解决好工业文明带来的矛盾，以人与自然和谐相处为目标，实现世界的可持续发展和人的全面发展。国际社会要共谋全球生态文明建设之路，坚持走绿色、低碳、循环、可持续发展之路。中国将继续做出自己的贡献，同时督促发达国家承担历史性责任，兑现减排承诺，并帮助发展中国家减缓和适应气候变化"。节能减排始终是全社会共同关注的焦点问题，而环境问题的产生主要来源于企业不当的生产经营活动，坚持"谁污染谁治理"的基本原则，企业在获得经济利益的同时，必须采取一定的措施弥补其对环境的破坏。

据有关调查显示，我国仅有少数上市公司编写环境报告，但报告的编写只是为了满足主管部门的强制性规定，上报上级或有关的环保机构，而非对外披露其环境会计信息。近年来，环境不断恶化，上市公司未来的发展将会受到国家环保政策的影响，所面临的环保风险将日渐增加，而上市公司当前的做法不利于利益相关者对上市公司的环境行为进行监督和评价。

同时，由于环境会计核算对象的复杂化以及核算方法的多元化，使得需要用货币确认、计量、记录、报告的环境资产与环境负债、环境收入与环境费用等信息缺乏可操作性，环境会计实务缺乏理论支点，最终结果是环境会计实践没有相应的理论指导，环境会计信息披露出现理论盲点，因此无法评估上市公司的环境行为以及环境活动对上市公司的财务绩效造成的影响，这样会导致多数上市公司逃避其环境责任。

由此，以丝绸之路经济带为依托，在实证研究了丝绸之路经济带的重点区域之陕西省和西北五省的上市公司与非上市公司的环境会计信息披露问题，结合社会责任背景对丝绸之路经济带的西北地区和西南地区上市公司披露的环境会计信息进行了实证研究，为加快构建我国环境会计信息披露理论体系，深化环境会计实践，促使丝绸之路经济带企业的规范、快速、可持续发展，促进我国环境事业的不断向前发展具有重要的意义。

1.2 研究目的

本研究的研究目的主要集中体现在以下三个方面：

(1) 为丝绸之路经济带企业改善环境会计信息披露提供建议

首先实证研究了丝绸之路经济带重点区域的环境会计信息披露问题，而后对丝绸之路经济带上市公司环境会计信息披露现状的研究，总结其存在的具体问题，规范环境会计信息披露的方式和内容，再通过实证检验，探寻影响环境会计信息披露的因素，为上市公司改善其环境会计的实施提供切入点，以期增强上市公司披露环境会计信息的主观能动性，规范其环境行为。

(2) 完善我国环境会计理论体系，拓展传统会计信息披露体系

随着社会的不断发展，发展经济与保护环境之间的矛盾日渐突出，传统财务报表体系已经远远不能满足利益相关者对于各种信息的需求，不能体现可持续发展的要求。构建科学的企业环境会计核算体系，规范环境会计信息的披露，定期公布其环境会计信息，使利益相关者了解上市公司的环境行为和环境风险，这些都已经成为了各企业必须履行的职责。通过对丝绸之路经济带企业环境会计信息披露的研究，丰富环境会计研究成果，能够为企业环境会计实务提供一定的理论指导，拓宽会计理论的研究领域。

(3) 为制定合理的丝绸之路经济带可持续发展模式提供现实依据

经济在高速发展的同时，随即也带来了各种各样的环境问题，这必然使生态平衡遭到严重的破坏，环境污染日趋严重。某些发达国家，为了提高环境质量，不惜牺牲其他国家的利益，将一些高污染企业生产工厂设在我国。在推进丝绸之路经济带的发展进程中，如果能够建立环境会计信息披露制度，敦促企业披露其环境会计信息，则可以减少甚或避免经济发展带来的负面效应，有利于推进丝绸之路经济带的可持续发展，引导企业从长远利益出发，履行环境责任，并把自身的发展与社会发展协调起来，加大环保力度和投入。

1.3 理论意义及实际应用价值

1.3.1 理论意义

(1) 规范企业环境会计信息披露方式、披露内容，为制定统一的环境会计信息披露体系提供一定的理论指导，使得企业披露其环境会计信息有据可依、有章可循；

(2) 构建环境会计信息披露评价体系，将环境会计信息披露情况进行量化，使环境会计信息首先在各上市公司之间横向、纵向可比，为上市公司率先推行环境会计提供理论指导，拓展会计理论研究的领域；

(3) 目前，我国关于环境会计研究大多都是规范性研究，实证研究的成果还比较少，通过本研究还可以弥补环境会计实证研究方面的不足，进一步丰富环境会计实证研究的成果。

1.3.2 实际应用价值

（1）满足不同利益相关者对环境会计信息的需求，并且有助于了解目前丝绸之路经济带企业的环境会计信息披露现状，发现其环境会计信息披露中存在的问题，并且找到其原因，提出相应的对策与建议，促进丝绸之路经济带伟大战略的有效实施；

（2）有助于企业贯彻落实新《环保法》，合理评价企业环境事项，披露环境会计信息，使企业的环境行为透明化、公开化，为政府等有关部门及公众提供监管依据；

（3）引导企业贯彻落实可持续发展观，发挥主观能动性，积极履行环境责任，披露环境会计信息，将眼前利益与长远利益结合起来，实现科学发展、环保发展。

1.4 研究内容及技术路线

1.4.1 主要研究内容

本研究的主要研究目标是探寻环境规制程度、社会责任披露指数、现金实力、成长能力、盈利能力等因素对于丝绸之路经济带上市公司环境会计信息披露的影响，通过借鉴前人的研究成果，总结环境会计的国内外研究现状及发展动态，形成基础理论框架；再运用大样本数据，首先分析了陕西省企业环境会计信息披露现状，进而分析了西北五省企业环境会计信息披露现状，最后分析了丝绸之路经济带上市公司环境会计信息披露现状，为实证研究奠定基础；构建嵌入社会责任的丝绸之路经济带环境会计信息披露模型、社会责任评价体系，客观、科学、合理的评价丝绸之路经济带企业环境会计信息披露情况及社会责任履行情况。同时，运用单因素方差分析筛选各影响因素的具体指标，通过相关性分析、多元线性回归检验各变量与环境会计信息披露之间的相关性及相关系数，得出结论。

1.4.2 技术路线

本研究从社会责任视角出发，沿着西北五省环境会计信息披露的历史研究的基础上，以丝绸之路经济带企业为研究对象，通过分析其环境会计信息披露现状，总结存在的主要问题，探寻环境会计信息披露影响因素，并提出相应的改进策略。本研究共由九部分组成：

第一部分：绪论。介绍研究背景、研究意义以及研究内容，并提出研究方法及创新点，构建研究的基本框架。

第二部分：文献综述及相关理论基础。介绍国内外有关环境会计和环境会计信息披露的研究现状及发展动态，对环境会计相关概念进行界定，从丝绸之路经济带对我国经济发展的现实意义指出企业实施环境会计的必要性，以及环境会计研究的相关理论基础。

第三部分：丝绸之路经济带环境会计信息披露存在的问题及原因分析。分析丝绸之路经济带的企业在环境会计信息披露方面存在的主要问题及其原因分析。

第四部分：丝绸之路经济带环境会计信息披露的区域性研究——以陕西省为例。陕西环境会计影响的理论剖析、实施现状、从上市公司数据与非上市公司的调研数据实证分析了陕西省企业披露环境会计信息的总体情况。

第五部分：丝绸之路经济带环境会计信息披露的区域性研究——以西北五省为例。西北五省上市公司实施环境会计的现状、基于年报视角的披露现状、基于社会责任视角的披露现状、引入环境规制、社会责任等全新指标后实证研究了西北五省企业在嵌入社会责任前后的环境会计信息披露情况。

第六部分：丝绸之路经济带上市公司环境会计信息披露现状——基于年报视角。一方面介绍了丝绸之路经济带上市公司的具体情况，另一方面从年报的视角分析了丝绸之路经济带环境会计信息披露的现状。

第七部分：社会责任视角下丝绸之路经济带上市公司环境会计信息披露现状。重点分析了丝绸之路经济带上市公司的社会责任报告的发布情况，以及社会责任报告下的环境会计信息披露情况。

第八部分：社会责任视角下丝绸之路经济带上市公司环境会计信息披露实证研究。分别从未加入社会责任披露指数变量和加入社会责任披露指数变量两个方面，对丝绸之路经济带上市公司的环境会计信息披露通过选择相应的自变量和因变量，采用相关性分析和多元线性回归分析等方法进行了实证分析研究。

第九部分：对策与建议。包括两大方面：一方面从宏观视角出发，提出国家应该如何完善环境会计制度建设以及监管机制，确保环境会计的实施；另一方面从微观方面出发，提出上市公司如何从自身出发，在追求经济利益的同时，切实履行新《环保法》，承担环境责任。

技术路线如图1—1所示。

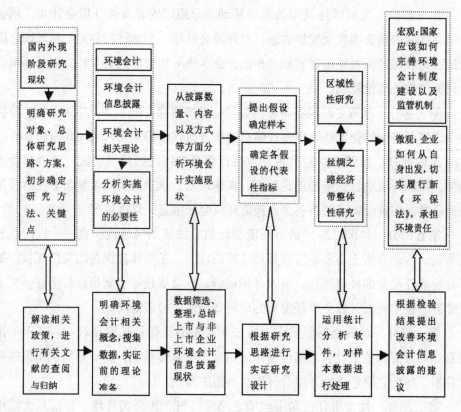

图1—1 本研究的技术路线

1.5 研究方法

本研究是在现有理论基础上，首先采用文献分析法对国内外研究现状、发展动态进行梳理，运用规范研究的方法总结丝绸之路经济带企业环境会计信息披露中存在的问题，再分别对陕西省企业、西北五省企业，进而对丝绸之路经济带所有上市公司的样本数据进行实证研究，检验相关变量与环境会计信息披露之间的关系。具体的研究方法包括以下几点：

(1) 文献分析法。在现有文献对环境会计研究的基础上，对国内外环境会计的研究现状及发展趋势进行总结、归纳，进而明确本研究的研究思路、方案，初步确定研究方法。

(2) 规范分析与实证分析相结合的方法。在进行规范分析时，运用逻辑法对环境会计资料进行概括总结，以形成对环境会计比较全面的认识，推演出环境会计的具体影响因素；然后采用样本数据进行实证研究，通过统计分析模型的使用来研究环境会计信息披露与环境规制程度、社会责任披露指数、现金实力、成长能力、盈利能力等变量间的关系。

(3) 定性分析与定量分析相结合的方法。由于上市公司披露的环境会计信息以及社会责任信息均包括定性信息和定量信息，运用定性研究与定量研究相结合的方法，可以合理评价其披露的环境会计信息以及社会责任信息。同时，在会计学、环境学、经济学、管理学及其他相关学科基础上，定性研究上市公司环境会计信息披露现状，定量研究环境会计信息披露的影响因素。

(4) 综合比较法。在构建环境会计体系的过程中，参照传统会计体系，综合分析其各项具体要素。同时，分别对西北五省之间的企业环境会计信息披露情况，以及丝绸之路经济带不同区域环境会计信息披露现状进行比较，为探究环境会计实施存在问题的原因奠定基础。

1.6 创新之处

一是研究视角的创新。通过深入剖析丝绸之路经济带企业环境会计实施现状，分析了丝绸之路经济带实施环境会计的必要性，采用逐步递进的方式，沿着西北五省重点是其中的陕西省，进而到丝绸之路经济带的上市公司进行实证研究，并且能够结合社会责任背景对丝绸之路经济带环境会计信息披露的影响，并分别从企业内部影响效应域和外部影响效应域两方面分析了丝绸之路经济带披露环境会计信息的现状。

二是研究变量的创新。本研究在选择影响丝绸之路经济带企业环境会计信息披露因素中，针对西北五省和西南四省上市公司，在指标选取时，引入了全新的变量即环境规制程度，试图研究环境规制程度对环境会计信息披露的影响程度；同时，引入另一个全新的变量社会责任披露指数，试图了解社会责任背景下，尤其是披露社会责任报告的企业环境会计信息披露程度如何；此外，增加了现金实力指标，且在指标选择中选用了统计中的单因素方差分析方法对现金实力类指标和营运能力类指标进行了科学的筛选，最终确定了现金实力和营运能力的代表性指标。指标的确定和筛选为项目后期进行回归分析奠定了坚实的基础。

三是研究方法的创新。本研究采用实证研究方法，一方面先从丝绸之路经济带重点区域，即陕西省与西北五省（含陕西省）的企业样本出发，对这些重点区域企业的环境会计信息披露情况进行实证研究；另一方面又分别从未引入环境规制程度和社会责任披露指数的变量，以及引入环境规制程度变量和社会责任变量两个方面逐步研究在不同情况下变量的显著性程度。此外，运用了描述性统计分析方法，分析了所有指标的整体特征；采用统计中的相关性分析方法，分析了自变量和因变量之间的相关程度，试图证明其影响程度；采用方差分析，分析了引入两个全新变量后对因变量环境会计信息披露影响的显著性程度；最后运用多元线性回归分析模型，检验提出的假设，验证了自变量与因变量之间的相关关系，并在此基础上针对研究结论提出相应的对策与建议，且尝试首次从新预算法的视角提出更具价值的建议。

2 文献综述及相关理论基础

2.1 国内外研究现状、发展动态

2.1.1 国外研究现状、发展动态

20 世纪 70 年代环境的不断恶化促使西方会计研究人员开始将环境与资源问题纳入会计研究的范畴，以 1971 年 F. A. Beams[1] 发表的《控制污染的社会成本转换研究》和 1973 年 J. T. Marlin[2] 发表的《污染的会计问题》两篇文章为代表，揭开了环境会计研究的序幕，提出环境会计即"将组织的经济活动的社会与环境影响传递给社会中的特定利益关系集团和社会整体的过程"。尽管两位学者对环境会计进行了开创性的研究，也没有唤起人们对环境会计的高度重视。20 世纪 80 年代关于环境会计的研究基本处于停滞状态。国际上研究成果的大量涌现主要集中于 20 世纪 90 年代。1998 年，联合国国际会计和报告标准政府间专家工作组第 15 次会议召开，通过了《环境会计和报告的立场公告》，这是目前国际上第一份关于环境会计和报告的系统完整的国际指南。

环境会计在美国、日本、加拿大、欧盟等的发展已有三十多年的历史，在理论和实践方面都取得了巨大成效。美国是最早进行环境会计信息披露的国家之一，随着环境污染问题的严重，国家颁布实施了大量环境法律，迫于资本市场的压力，披露环境会计信息的上市公司及其披露内容也日益增多；日本对环境会计的研究起步较晚，但却在不到 7 年的时间发布了 10 余项环境会计准则与指南；加拿大特许会计师协会（CICA）关于环境会计方面的工作内容主要有环境会计与审计的研究、环境会计与审计准则的制定及其相关的出版物，其研究成果具有国际意义；在欧洲各国中，德国对环境会计发展发挥了很大的作用，该国从 1995 年开始执行欧盟环境管理审核体系（EMAS），并建立了环保准备金制度。

随着环境会计研究在西方学术界的不断深入，近年来的研究呈现出新趋势：

(1) 比较研究

越来越多的西方学者应用比较研究的方法，对环境会计与传统会计、污染行业与非污染行业、不同国家或不同行业的环境会计进行对比，对环境会计信息披露领域的问题进行了研究。如 Lars Hassel 等 (2005) [3] 通过比较丹麦、挪威、瑞典的环境会计披露准则，指出瑞典上市公司环境绩效对于公司的市场价值有负面影响；Simone Bastianon 等 (2005) [4] 将其研究对象集中于如渔业、林业等非污染行业，虽然这些行业不属于重污染行业，但是它能对全球的生态环境产生直接的影响。

(2) 对发展中国家环境会计信息披露的研究

近年来，国外对环境会计信息披露的研究集中于对中国以及东南亚等发展中国家的研究，主要原因在于对发达国家的研究逐渐呈现出清晰的局面，而发展中国家正处于经济转型升级的关键时期，发展经济与保护环境矛盾突出，因此西方学者越来越多的将研究视角定位于发展中国家。比如 Jason Chi-hin Chan 等 (2005) [5] 通过对香港上市公司的分析，指出中国环境风险高于西方国家，香港上市公司未能为投资者提供足够的信息来评估他们的环境管理行为；Muhammad Islam (2011) [6] 等主要研究了环境会计在孟加拉国的实践，指出失去国际影响，孟加拉国政府不可能积极有效地处理社会和环境问题。

(3) 环境会计信息披露影响因素研究

国外众多学者通过实证检验的方式，从上市公司的财务指标、治理机制等方面着手，探讨环境会计信息披露的影响因素，比如：Gary 等 (2001) [7] 的研究显示，规模大和盈利能力强的公司会披露更多的环境会计信息；Eng 等 (2003) [8] 通过实证检验了上市公司的规模以及独立董事比例与环境会计信息披露水平相关；Brammers (2006) [9] 在对英国大型上市公司的环境信息披露进行研究时发现披露质量与公司规模正相关；Karim 等 (2006) [10] 选取了美国五年内有关上市公司的报告和年报附注披露的环境会计信息作为研究对象，结果表明上市公司的盈利能力及规模大小与上市公司环境会计信息披露水平显著相关，且外资集中量与环境会计信息披露水平正相关；Montabon 等 (2007) [11] 研究表明环境绩效与经济绩效之间呈正向关系；Tony MeMurtrie 等 (2008) [12] 主要集中于环境会计信息披露质量影响因素的研究，他们将环境信息披露质量的影响因素分成了五个方面，其中包括国家或行业的环境披露政策、环境披露的战略影响、环境审计等；

Shadman（2008）[13] 从环境风险管理角度研究了环境绩效和经营绩效之间的关系，结果表明，可预测的环境风险将会降低上市公司的债务成本，进而改善上市公司整体的经营绩效。

由此可见，环境会计在国外的发展无论在理论上还是实务上均取得了显著的成绩，从核算对象的确定、环境会计要素的确认以及具体科目应用，都有扎实的理论基础，对于环境会计信息披露的形式、标准也有相关的准则和指引，但是关于环境会计信息披露的影响因素研究，目前还没有确切的研究结论，研究结果无法推广。

2.1.2 国内研究现状、发展动态

我国对环境会计的研究始于 20 世纪 90 年代，1992 年著名会计学者葛家澍和李若山发表了《九十年代西方会计理论的一个新思潮——绿色会计理论》，标志着我国开始系统研究环境会计。众多学者从环境会计的基本内容、核算体系、报告模式等方面进行了研究，但是相较发达国家，我国关于环境会计的研究还处于起步阶段，还未形成完整的理论体系及实践模式。在我国现行用于指导上市公司会计工作的各项法规中，主要是由财政部和证监会制定颁布的，包括财政部发布的会计准则、财务通则、行业会计制度、财务制度和证监会发布的公开发行股票公司执行的信息披露规则和准则。总体来说，这些法规、制度对于环境会计问题基本没有涉及。

近年来的研究呈现出如下趋势：

（1）国内外环境会计比较研究

国外在环境会计相关国际规则、法律和政策以及环境会计思想框架、环境会计核算、或有事项处理和环境信息披露等相关方面开展了较多研究，且大量成果已付之于环境管理实践；而国内研究尚处于探索和起步阶段，在建立环境会计管理框架和核算细则、信息披露方面开展的相关研究较多。

何利（2012）[14] 通过分析国内外环境会计研究现状与进展，指出目前我国还没有形成完善的环境会计理论，学术观点进入"丛林"，在会计实践活动中还没有统一的环境会计制度来规范、指导上市公司的环境会计活动；梁小红（2012）[15]、周守华等（2012）[16] 则从可持续发展、外部性理论、环境成本管理、环境信息披露、行为科学等方面梳理了国外环境会计理论研究视域，指出我们应理性借鉴国外环境会计理论，创建适合我国国情的环境会计体系，将环境管理会计的研究扩展到实际应用层面；王芳等（2014）[17] 则基于环境会计信息披露的视角，从

披露形式、披露内容、法律依据、监督机构以及披露的主动性五方面比较了中日环境会计信息披露差异。

(2) 环境会计核算体系研究

环境会计的产生是基于传统会计的不断发展与完善，但其在核算对象、计量单位、科目设置以及信息披露等方面与传统会计又有较大的差别。目前，我国对于环境会计核算体系的研究，呈现百花齐放的景象，各个学者基于其研究提出了不同的观点。

顾署生（2012）[18]、顾署生等（2013）[19]将环境会计与传统会计基本理论进行比较，主要研究了环境会计的确认，包括会计要素的确定与确认以及环境会计科目的设置与核算；朱小平等（2012）[20]、朱文莉等（2014）[21]、陆小成等（2015）[22]基于低碳发展的视角对上市公司环境会计体系的特征、主体、目标、核算、确认、计量与披露进行系统研究；夏孟余等（2012）[23]结合国际上环境会计的三种发展模式（环境财务会计、环境管理会计、环保会计）和中国实际，构建了中国企业环境会计核算体系，提出现阶段环境会计在中国实施的基本内容和方法；龚翔（2012）[24]、蒲敏（2013）[25]、杨红等（2014）[26]则以环境会计信息披露模式为切入点，研究了在可持续发展理念下，将环境会计报告编报体系标准化，以适应我国ISO14000系列环境标准等规范的要求；王琦等（2015）[27]则结合旅游企业的特征，将环境会计要素划分成资产、负债和成本，给出了测量环境会计要素的方法，并给出了与之相对应的会计分录。

(3) 环境会计信息披露现状研究

我国对于环境会计的研究，目前主要集中于环境会计信息披露现状研究，大多数学者均采用了规范研究的方法，通过分析研究对象目前环境会计信息披露现状，进一步分析其原因，再据此提出建议。

刘儒昞等（2012）[28]基于国有上市公司的特殊地位，以组织合法性理论为基础，阐述了国有上市公司的环境责任；乔引花等（2012）[29]、冯鑫（2012）[30]、王泽淳（2013）[31]、简安（2014）[32]分别以陕西省、西部地区、山东省、四川藏区为研究对象，分析了区域环境会计信息披露现状；闫蕾（2013）[33]、李胜红（2013）[34]、田祥宇等（2014）[35]、米志强等（2014）[36]、岳燕（2014）[37]、刘梅娟等（2015）[38]、姚燕（2015）[39]、吴燕天（2015）[40]、李祝平等（2015）[41]则以行业为研究对象，主要对稀土、煤炭、物流、林业、生物制药、造纸、采矿等行业进行了分析；高建立等（2013）[42]、谢芳等（2014）[43]、于婧（2014）[44]、孙再凌（2014）[45]、林俐（2014）[46] 则粗略分析了我国上市公司当前环境会计实施存在法规不健全、财会人员业务素质较低、披露内容片面、披露方式不规范及缺乏监督等问题；初宜红（2012）[47] 以紫金矿业为例，通过分析年度报告中的环境信息，总结出环境会计在实际应用中存在的问题。

（4）环境会计信息披露影响因素研究

关于环境会计信息披露影响因素的研究，不同学者从上市公司不同角度出发，引入各种变量，探寻了环境会计信息披露的影响因素。李朝芳（2012）[48] 以上海6个污染行业139家上市公司为研究样本，得出企业组织变迁、企业规模与企业环境会计信息披露水平显著正相关；郭秀珍(2013)[49] 基于公司治理结构角度，研究得出股权越集中，环境会计信息披露的水平越高；上市公司中独立董事的比例越高、经理的薪酬水平越高，上市公司越倾向于披露环境会计信息；王小红等（2014）[50] 结合陕西省特有的背景，研究了2010—2012年陕西省被调研企业环境会计信息披露程度，得出2010年的现金净利比、净资产收益率和资产对数，2011年的现金净利比、净资产收益率和资产对数，2012年的主营业务收入平均增长率、资产负债率和资产对数对陕西省被调研企业环境会计信息披露影响是正向的；王小红等（2014）[51] 以西北五省上市公司为例，最终得出盈利能力和上市公司规模对西北五省上市公司的环境会计信息披露和社会责任的履行影响是显著的；杨璐璐等（2014）[52] 以102家制造业和采掘业上市公司为样本，实证检验得出上市公司成长能力与环境会计信息披露呈正相关关系，建议上市公司应加强对成长能力的培养。

综上所述，可以发现我国对环境会计信息披露进行实证研究的较少，将环境会计信息披露研究与丝绸之路经济带相结合的更是寥寥无几，本研究试图通过对西北五省、西南四省市上市公司环境会计信息披露的研究，发现其存在的问题，探寻丝绸之路经济带上市公司环境会计信息披露影响因素，实现经济利益和环境利益的双赢。

2.2 相关概念的界定

2.2.1 低碳经济

所谓低碳经济[53]，是指在可持续发展理念指导下，通过技术创新、制度创新、产业转型、新能源开发等多种手段，尽可能地减少煤炭石油等高碳能源消耗，减少温室气体排放，达到经济社会发展与生态环境保护双赢的一种经济发展形态。低碳经济是以低能耗、低污染、低排放为基础的经济模式，是人类社会继农业文明、工业文明之后的又一次重大进步。

低碳经济（Low-carbon economy）的特征是以减少温室气体排放为目标，构筑低能耗、低污染为基础的经济发展体系，包括低碳能源系统、低碳技术和低碳产业体系。低碳能源系统是指通过发展清洁能源，包括风能、太阳能、核能、地热能和生物质能等替代煤、石油等化石能源以减少二氧化碳排放。低碳技术包括清洁煤技术（IGCC）和二氧化碳捕捉及储存技术（CCS）等。低碳产业体系包括火电减排、新能源汽车、节能建筑、工业节能与减排、循环经济、资源回收、环保设备、节能材料等。低碳经济起点是统计碳源和碳足迹。关于二氧化碳有三个重要的来源，其中，最主要的碳源是火电排放，占二氧化碳排放总量的41%；增长最快的则是汽车尾气排放，占比25%，特别是在我国汽车销量开始超越美国的情况下，这个问题越来越严重；建筑排放占比27%，并随着房屋数量的增加而稳定地增加。

2.2.2 社会责任

按照我国2010年4月26日颁布的《企业内部控制配套指引》中的《企业内部控制应用指引第4号——社会责任》，对社会责任进行了权威的界定。即社会责任是指企业在经营发展过程中应当履行的社会职责和义务，主要包括安全生产、产品质量（含服务，下同）、环境保护、资源节约、促进就业、员工权益保护等。也就是说企业环境保护和资源节约都属于企业的社会责任的范畴。而环境会计信息披露的内容必须包括环境保护和资源节约。

2.2.3 环境会计

关于环境会计（Environmental accounting）的定义，不同的国家和机构给出了各自的定义。以下分别从国外和国内研究中对环境会计的典型定义进行了简单的汇总，具体如表2—1所示。通过表2—1的综合概念，我们可以将环境会计总结为：环境会计又称为绿色会计，是会计学的一个分支，它是以货币作为主要计量单位，以相关环境法律、法规为依据，研究经济的发展和环境资源之间关系的，以确认、计量和记录环境利用的成本、费用、环境污染和防治的相关费用，并对企业在经营过程中对环境保护、开发形成的效益等进行合理的计量和报告，最终综合地评价环境绩效以及环境活动给企业财务成果造成影响的一门新兴学科。

表 2—1　国内外对环境会计的不同定义表

序号	国内外	代表人或机构	环境会计的定义
1	国外对环境会计的定义	美国会计学会（AAA）于 1973 年	环境会计是企业组织行为对自然环境（空气、水和土地）影响的衡量与报告 [54]
2		日本环境省（MOE）	环境会计……旨在实现可持续发展，保持与社会的良好关系，以及寻求各种环保作业的高效率。这些会计程序使公司在正常经营过程中得以确认各种环保成本，确认获得来自这些作业的收益，提供各种最佳的以货币计量的和以实物计量的量化指标，并对成果的传递转移提供支持 [55]
3	国内对环境会计的定义	《现代会计百科辞典》	从社会利益角度计量和报告企业、事业机关等单位的社会活动对环境的影响及管理情况的一项管理活动。它旨在指导经济资源做最有效运用及最佳调配，以提高社会整体效益 [56]
4		孟凡利	环境会计是企业会计的一个新兴分支，是运用会计学的基本原理与方法，采用多种计量手段和属性，对企业的环境活动和与环境有关的经济活动和现象所做的反映和控制 [57]
5		李连华	环境会计是利用会计学和环境管理学的基本理论和方法，采用货币计量和非货币计量单位，对企业生产经营活动中所涉及的环境要素及其结果进行计量、记录、揭示与评价的信息控制系统 [58]

同时，我们应该意识到环境会计信息披露的内容越充分，越能体现企业履行社会责任的程度。因此，环境会计信息披露与社会责任之间存在必然的联系，它们相互独立、相互联系，又相互促进。

（1）环境会计基本概念

环境会计是以环境资产、环境费用、环境效益等会计要素为核算内容的一门专业会计。环境会计核算各会计要素，都采用一定的方法折算为货币进行计量，以有关法律、法规为依据，计量、记录环境污染、环境防治、环境开发的成本费用，同时对环境的维护和开发形成的效益进行合理计量与报告，从而综合评估环境绩效及环境活动对企业财务成果影响的一门新兴学科。它试图将会计学与环境经济学相结合，通过有效的价值管理，达到协调经济发展和环境保护的目的。

（2）环境会计科学特性

环境会计作为会计学的一个分支，是环境问题与会计理论方法相结合的产物，在会计基本假设、会计原则、会计确认、会计计量、会计记录、会计报告等诸多方面与现代会计有着相同或相似之处。但是由于环境问题多样性与资源利用的复杂性，环境会计有其自身的特殊性：

1）核算内容的社会性和复杂性

环境会计的核算虽然同样以企业为主体，但其确认、计量的内容却是企业环境系统，所关注的是企业活动对自然资源和生态环境的影响。由于自然资源和生态环境在很大程度上具有公共物品和外部影响的性质，因而环境会计确认、计量的成本和收益并非企业的私人成本和收益，而是经济学意义上的社会成本和社会收益，同时这种对社会成本和社会收益的确认、计量，不仅为企业本身服务，而且更重要的是为全社会服务。因此，环境会计具有鲜明的确认、计量的社会性、复杂性、综合性和长期性。

2）学科性质的交叉综合性

传统会计研究主要运用政治经济学和数学的基本理论方法，环境会计则需要涉及更为广泛的学科领域，环境会计作为一门新兴的会计分支，是会计学、经济学（生态经济学、资源经济学、环境经济学、可持续发展经济学）、环境学（生态学、环境科学、环境工程）等学科交叉综合的产物。环境会计虽然要遵循会计学的一般理论和方法，但在会计确认、计量等方面必须综合运用经济学、环境学的有关理论和方法，如自然资源价值评估的理论和方法、生态环境价值评估的理论和方法、环境污染治理成本与效益估算的理论与方法等。因此，环境会计实务必须通过多学科的协同合作才能有效实现。同时，环境会计涉及的是自然资源和生态环境的价值化和资本化处理，不能明确辨认其客观存在和市场价格，因而对它们的确认、计量只能运用一些替代的方法间接进行，具有很大的主观性，并且运用不同方法得出的结果也不尽相同。

3）表达形式的多样性和丰富性

环境会计的核算及其结果的表达，虽然要尽可能以货币形式来反映，但有关自然资源和生态环境方面的信息有时很难也并非必须用货币来表达，它可以用实物、指数、文字说明等多种丰富的形式来表达。环境会计报告既应揭示财务信息，也应揭示非财务信息（企业的环境目标及执行情况，企业对于治理环境所采取的措施等）。

（3）环境会计目标定位

1）基本目标

用会计来计量、反映和控制社会环境资源，改善社会的环境与资源问题，实现经济效益、生态效益和社会效益的同步最优化。基于对环境宏观管理的要求，企业在进行生产经营和取得经济效益的同时，必须高度重视生态环境和物质循环规律，合理开发和利用自然资源，坚持可持续发展战略，尽量提高环境效益和社会效益。

2）具体目标

进行相应的会计核算，对自然资源的价值、自然资源的耗费、环境保护的支出、改善资源环境所带来的收益等进行确认和计量，为政府环保部门、行业主管部门、投资者以及社会公众提供企业环境目标、环境政策和规划等有关资料。

① 为政府环保部门提供治理依据。环保部承担落实国家减排目标的责任，负责环境污染防治的监督管理。2016 年 9 月 27 日，环保部公布了《中华人民共和国环境影响评价法》，对规划和建设项目实施后可能造成的环境影响进行分析、预测和评估，预防因规划和建设项目实施后对环境造成不良影响。将环境会计纳入企业会计核算，对环境因素进行确认、计量、记录以及报告，再运用统计手段收集企业披露的环境会计信息，据此实现对于资源环境的宏观调控。

② 为行业主管部门提供管理依据。证监会的主要职责是监管上市公司及其有信息披露义务、股东的证券市场行为，保护投资者的合法权益。为引导上市公司积极履行保护环境的社会责任，加强对上市公司环境保护工作的社会监督，2008 年 5 月 14 日，上交所发布《上海证券交易所上市公司环境信息披露指引》，要求上市公司将与环境保护相关的重大事件，且可能对其股票及衍生品种交易价格产生较大影响的环境事件进行披露，促进上市公司重视并改进环境保护工作。

③ 为投资者提供投资依据。广义的投资者包括公司股东、债权人和利益相关者。投资者投资考虑的主要因素是收益与风险，风险既包括市场风险，同时还有企业自身内部风险。2015 年 1 月 1 日，《中华人民共和国环境保护法》开始施行，上市公司的生产经营面临更严格的环境管制，环境风险进一步加大。引导上市公司发布环境会计信息，使投资者在进行投资决策时，充分考量上市公司环境风险，据此进行科学投资。

④ 为社会公众提供监督。2013 年 1 月，我国发生大范围持续雾霾天气，包括华北平原、黄淮、江淮、江汉、江南、华南北部等地区都受到影响，受影响的面积约为国土面积的 1/4，约 6 亿人口受到影响。企业的生产经营行为是造成环境问题的主要原因，企业在追求利益的过程中，会引起诸如过度开发、过度消耗自然资源以及污染环境的情况，导致环境恶化的程度越来越严重，对社会公众的

正常生活造成了巨大的影响，社会公众环保意识不断增强。随着"互联网＋"以及信息化时代的来临，社会公众对于环境信息的需求不断上升，上市公司环境会计的推广迫在眉睫。

2.2.4 环境会计信息披露

(1) 环境会计信息披露基本概念

环境会计信息披露是环境会计工作的最终成果，也是环境会计核算体系中最重要的部分。进行环境会计信息披露，揭示环境资源的利用情况和环境污染的治理情况，是治理严峻环境问题的必然要求。

环境会计信息是企业的环境行为和环境工作及其对经营业绩影响的信息。具有多样化的形式：既有定性信息，也有定量信息；既有货币信息，也有以实物、技术等指标表示的非货币信息。企业披露环境会计信息，一方面可以通过年度报告，利用董事会报告、财务报表、报表附注等来揭示环境问题对经营业绩的影响；另一方面可以通过编制社会责任报告书或者是专门的环境报告来反映企业的环境信息。

(2) 环境会计信息披露的必要性

1) 满足利益相关者的环境会计信息需求

企业披露环境信息有利于政府了解企业的环境信息，了解企业利用环境资源的情况，了解环境污染和保护的总体状况以及环境污染和环保方面的业绩。同时，企业环境信息的披露将直接影响投资者的经济利益。他们利用环境信息确定企业环境表现的好坏，从而判断被投资企业在环境保护方面可能存在的影响财务状况、经营成果以及现金流量的因素，以便掌握企业未来的发展前景。债权人出于资金安全性的考虑，越来越关注企业的环境绩效，通过对环境绩效的分析来评估贷款风险。而由于物质生活水平和自身修养的提高，社会公众越来越崇尚绿色消费，并关心企业环境污染及其治理情况，企业要想在市场上赢得消费者，必须树立良好的环境形象，这只有通过披露企业环境信息来塑造。

2) 国家宏观管理以及实现可持续发展的需要

通过整理分析各独立会计主体的环境会计信息，政府管理部门可以获得全社会的环境会计信息，了解整体的环境状况，进而采取相应的措施更好地保护环境。由于发达国家越来越重视社会环境保护问题，因而许多发达国家的企业，特别是跨国公司不断将那些污染严重、破坏和掠夺自然资源的生产项目搬到发展中国家，他们把发展中国家当成了自己的"污染避难所"，对发展中国家进行

"环境剥削"。因此，我们应尽快建立健全有关环境法律法规，要求企业披露环境会计信息。

同时，我国可持续发展战略的实施，要求经济的发展从高能耗的增长转为低能耗的增长，企业在追求利益的过程中必须注意环境问题，这会引起产业结构的大调整，政府的各项环境法规和管理标准也将更加规范和严厉，企业面临的环境政策风险将上升。

3）企业内部管理和长久发展的需要

企业通过对其环境会计信息进行披露，可以了解自己的环境行为以及该行为对环境和企业财务成果造成的影响，使企业经营成果的核算更加准确。由于企业面临着各种各样的压力，尤其是自政府实施严厉的环保法规以来，利益相关者对企业环境业绩信息提出了越来越高的要求，企业迫切需要通过发布环境报告改善自身的社会形象，并确立在行业中的竞争优势。

企业作为自然环境与社会环境中的一分子，无时无刻不与环境联系在一起，从环境中获取能量、资源和信息。因此，企业负有改善环境的法定和道义上的责任。而这种责任的履行情况需要环境会计加以核算和反映，披露企业环境会计信息，通过独立审计机构及人员的鉴证，确定自身应该承担的环境责任。

4）实现国际趋同

全球化是世界经济发展的主流趋势，自改革开放以及我国加入 WTO 以来，跨国公司数量急剧增长，会计准则、审计准则等逐渐实现国际趋同。而国外对于环境会计的研究远远早于我国，在理论研究与实践方面都取得了巨大的成就，只有深入研究我国上市公司环境会计信息披露现状，构建我国环境会计信息披露体系，促使企业履行其环境与社会责任，才能逐步实现环境会计的国际趋同，缩小与发达国家的差距。

(3) 环境会计信息披露的原则

1）重要性原则

据有关调查显示，我国有 50% 以上的企业编写环境报告，但报告的编制不是为了对外进行公布，而是为了上报上级或有关的环保机构。近年来，环境不断恶化，上市公司未来的发展将会受到国家环保政策的影响，企业所面临的环保风险将日渐增加，而上市公司当前的做法不利于利益关系人对企业的环境行为进行监督和评价，因此会计以及环保部门必须采取措施予以监管，使上市公司成为我国企业环境会计信息披露的主体，由此带动小企业不断提高其环境会计信息披露水平，促进我国环境会计信息披露理论与实践的不断发展。

2）强制性原则

企业在其生产经营过程中获得了利润，对环境造成了一定的破坏，尤其是一些对环境较为敏感的行业，如煤炭、石油化工、造纸以及纺织等行业，对环境带来的危害更为严重，按照"谁受益、谁负担"的原则，这些企业应对其所耗费的资源和破坏的环境承担相应的责任，但是，责任的承担意味着要付出代价，几乎没有企业会愿意主动向社会公众披露其经营行为对环境的破坏。由于国家法律具有强制性，因而，政府的会计和环境管理部门须对企业环境会计信息的披露作出强制性的规定，并鼓励其披露尽可能多的环境会计信息。

3）一致性原则

环境问题是人类社会面临的共同问题，因此，不论企业还是事业单位，不论外资企业抑或内资企业，污染严重的企业还是污染较轻的企业，只要其有环境问题就需要进行披露。同时，环境会计信息披露的内容以及方式等，对各企业的要求应该一致，不歧视、不偏袒，以便于正确评价企业披露的环境会计信息。

2.3 环境会计的相关理论基础

（1）可持续发展理论

自然资源、环境与发展是 20 世纪 70 年代以来世界普遍关注的重大问题。在 1972 年，联合国召开了"人类环境大会"，其中将人口、资源、环境与发展列为国际社会面临的四大问题。由于人类社会与自然资源环境在物质、能量、信息方面具有相互流动和相互平衡的关系，人口扩张和经济发展所导致的资源稀缺与环境制约便成为人类经济活动中所面临的难题 [59]。因此，有效合理地利用自然资源、充分保护生态环境，实现世界经济和社会的可持续发展，已经被列为全世界紧迫而又艰巨的任务。1987 年，联合国国际环境与发展委员会发表一份题为"我们共同的未来"的报告。这份报告将可持续发展定义为："可持续发展必须建立在使资源环境条件得以改善的基础上，它既能满足当代人的需要，又要不损害后代人满足其自身需求的能力。"对于任何一个企业而言，可持续发展的道路是企业为了适应社会发展潮流的必然选择。企业在努力实现可持续发展目标的过程中，必然考虑到自身从事的生产经营活动对环境所带来的影响，并将这种环境资源进行确认、计量、记录和报告，目的在于改善环境与合理有效利用资源，最终为促进企业的可持续发展提供更好的服务。而这必然要求企业必须建立环境会计的核算，同时在环境会计的理论和方法中体现可持续发展的理念和思路。可持续发展理论是环境会计建立和发展的理论前提和基础，而环境会计也正是基于企业与自然环境长期互利和共存的关系，着眼于企业在环境良性循环的前提下实现持续经营。如果没有了环境的可持续发展，企业的生产经营就难以延续，即难以持续经营，环境会计自然也就失去了其存在的必要性和基础。

（2）大循环成本理论

我们知道人类的劳动消耗需要补偿，同样自然资源的消耗也需要补偿。只有自然资源的消耗得到了合理有效的补偿，才能实现资源的良性循环过程，人类才能达到可持续发展。成本是消耗补偿的价值尺度[60]。由于传统的循环成本理论未将自然资源的成本纳入循环成本中，即未考虑环境给我们带来的经济问题，在进行会计核算中没有考虑自然界如水、空气、矿物质等因素，这样传统的会计计算出来的企业利润中包含了治理环境所发生的费用支出，最终使得企业经济效益出现虚增。由于环保体制的日益完善和消费者对绿色产品的消费偏好，企业的这种行为必然导致企业面临大量的或有负债，企业生产出来的产品将面临绿色壁垒阻碍销售等后果，甚至可能导致企业面临着生存危机。因此，大循环成本理论便应运而生。从整个物质世界的循环过程来看待成本消耗与成本补偿问题的便是大循环成本。它在考虑人类劳动消耗的补偿的同时，也充分考虑了自然界各种物质资源的消耗、破坏的补偿及更新或复置，这样就可以使自然界保持其原有的良好状态，从而实现人类社会的可持续发展。因此，大循环成本理论是指从自然资源在人类活动作用下整个循环过程研究、定义其成本的特性、范围和内容的一种成本理论。在这种大循环理论中，其成本的内容包括了物化劳动的消耗、活劳动的消耗以及自然资源的成本总和。正是由于有了大循环成本理论，才使得传统会计循环过程和内容都有了进一步的扩充，这为环境会计的核算指明了对象，其环境会计的具体循环流程如图2—1所示。

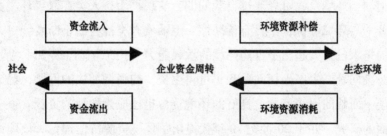

图2—1 环境会计的循环流程

（3）资源寿命周期理论

资源寿命周期理论是指对地球资源从被人类采掘、提取开始，经过生产、加工、使用、回收以及废弃物处理等过程的系统描述[61]。资源寿命周期理论认为，环境会计研究对象不能仅停留在企业生产经营的封闭区间的局部环节，而应扩展到资源提取、产品生产、商品使用及回收再利用、废弃物处理等的资源寿命周期的全过程，从而形成微观层次的大成本概念体系。这就要求环境会计核算的对象应突破传统的企业日常经营活动或业务活动中所表现出的资金运动的范畴，扩大到企业生产经营活动涉及的整个资源寿命周期。该理论拓展了环境会计核算的范围。资源的寿命周期理论如图2—2所示。

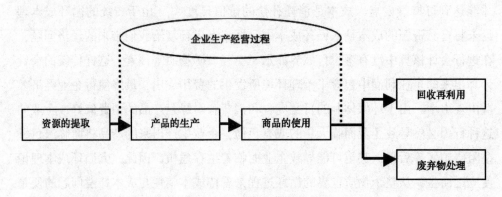

图 2—2 资源的寿命周期理论

（4）环境资源价值理论

在该理论形成之前，一直占据主导地位的是劳动价值理论。劳动价值论认为，劳动是价值的源泉，没有赋予劳动或没有作为商品在市场上交换的物品不具有稀缺性，因而它也就不具有价值，如空气、清洁水、天然草地等环境要素，是先于人类而存在的，是可以任意取用的，因此是无价值的[62]。这种观点在一定时期是比较适用的。比如在人类社会的早期，人类的各项活动对自然环境的影响是微不足道的，环境系统可以通过自我的调节实现平衡，人类在取得环境资源时不用付出劳动，环境资源也不具有稀缺性。但随着人类社会的不断发展，人类对环境资源的需求已大大超出了自然环境的承载能力，不断凸显出很多环境问题。目前，环境污染问题、生态破坏问题和不可再生资源的消耗加快的问题，已成为各国经济发展中面临的严峻问题，良好的环境资源也已成为稀缺的资源。很多学者开始这方面的研究，并于20世纪70年代提出了环境资源价值理论。该理论奠定了企业环境会计的计量基础。环境资源价值理论的主要观点包括以下三点：

① 环境是具有效用的，它具有满足人类的需要、生存和发展的作用；

② 环境具有稀缺性，存在着如何合理有效地利用自然环境资源的问题，以及资源在用途上的竞争性；

③ 环境包含人类的一般性劳动，因此其是有价值的。环境资源之所以具有价值，是由于废弃物排放超过环境的自净调节能力，造成了严重的环境污染，这要消耗大量的人力、物力来进行治理和保护环境，这个过程将凝结着人类的一般劳动。

根据环境资源价值论，企业是环境资源的主要使用者，这样就必须树立环境有价值的观点，况且要明确环境资源价值论的内涵。企业应该将生产过程中环境因素纳入会计核算，从而设立环境会计账户，构建环境会计核算体系，为合理开发与利用环境资源提供有效的信息。

综上所述，可持续发展理论、大循环成本理论、资源寿命周期理论和环境价值理论都是环境会计产生的理论基础。可持续发展理论对会计核算提出了更高的要求，即要求在持续经营假设的前提下进行会计核算，且在保持自然资源的不枯竭、生态环境不被降级的基础上，来实现社会经济和企业的可持续发展。大循环成本理论是环境会计核算的落脚点，它对环境会计核算的对象提出了更高的要求。资源寿命周期理论拓展了环境会计核算的范围，使得会计的核算不仅包括生产经营过程，也包括资源的回收利用和废弃物的处理。环境价值理论认为环境不仅有效用，而且其是有价值的，其效用价值可以计量，这为环境会计的计量提供了可能。有以上理论作基础，才使得环境会计理论和实务的研究和发展成为可能。

2.4 环境法规

2.4.1 环境法律

表 2—2　环境法律表

施行日期	法律名称
2016.7.2	中华人民共和国环境影响评价法
2016.1.1	中华人民共和国大气污染防治法
2015.4.24	中华人民共和国固体废物污染环境防治法
2015.1.1	中华人民共和国环境保护法
2008.6.1	中华人民共和国水污染防治法
1997.3.1	中华人民共和国环境噪声污染防治法

2.4.2 环境行政法规

表 2—3 环境行政法规表

施行时间	法规名称	发布机构
2006.9.25	深圳证券交易所上市公司社会责任指引	深圳证券交易所
2008.5.14	上海证券交易所上市公司环境信息披露指引	上海证券交易所
2008.1.9	关于重污染行业生产经营公司 IPO 申请申报文件的通知	证监会

2.4.3 环境地方性法规

表 2—4 环境地方性法规表

发布日期	法规名称	发布数量
2016.7.5	云南省环境保护条例等	900
2016.5.25	广西壮族自治区环境保护条例等	14
2015.3.17	重庆市环境保护条例等	3
2012.1.9	新疆维吾尔自治区环境保护条例（修订本）等	32
2012.1.5	西宁市环境保护条例等	17
2011.4.1	陕西省环境保护条例（草案送审稿）等	25
2010.7.22	四川省环境保护条例等	7
2009.12.3	宁夏回族自治区环境保护条例等	16
2007.12.23	甘肃省环境保护条例等	16

3 丝绸之路经济带实施环境会计存在的问题及原因分析

3.1 丝绸之路经济带上市公司实施环境会计存在的问题

学术界对于环境会计的研究不到 20 年，企业实施环境会计的时间也不是很长，虽然取得了一些成果，但是与发达国家相比还相差很远。对于丝绸之路经济带来说，环境会计仍然还处于基础理论的状态。丝绸之路经济带的企业在实施环境会计的过程中，无论是企业外部还是企业内部，环境会计的实施还存在着不少问题。

3.1.1 企业实施环境会计外部存在的问题

（1）丝绸之路经济带的环境会计相关规定不完善。目前，我国的会计法中缺少环境会计内容，没有专门的环境会计准则或相关规定。环境问题在企业会计制度及信息披露的相关法规中也很少涉及。表 3—1 列示了近年来相关准则中规定的环境会计的相关内容。但是从内容上来讲，涉及环境会计的内容还很少，不能很好地体现环境的具体内容。而且，丝绸之路经济带在会计实务中还没有出台统一可遵循的规章制度来对环境会计的对象进行确认、计量和披露。由于缺乏强制性的准则规范，多数企业不愿意主动披露环境会计信息，企业各方利益相关者对企业披露环境信息的要求也不强烈，即使有些企业有披露环境信息的动机，但由于目前还没有具体可操作的规章制度，还满足不了会计实务的要求，也会选择暂不披露，从而严重阻碍了会计实务在丝绸之路经济带的开展。

表 3—1 我国相关法规中规定的环境会计内容

法规	具体内容
《〈企业会计准则第 4 号—固定资产〉》应用指南	固定资产的弃置费用是指企业依法应承担的环保和生态恢复等义务所确定的支出 [63]
《企业会计准则第 16 号—政府补助》	企业应在附注中披露与政府环保补助有关的信息 [63]
《企业会计准则第 27 号—石油天然气开采》	企业承担的矿区废弃处置义务，满足《企业会计准则第 13 号—或有事项》中预计负债确认条件的，应当将该义务确认为预计负债，并相应增加相关设施的账面价值。不符合预计负债确认条件的，在废弃时发生的拆卸、搬移、场地清理等支出，应当计入当期损益 [63]
《公开发行证券的企业信息披露内容与格式准则第 1 号—招股说明书》	发行人应披露环保风险因素，与环境污染相关的主营业务情况，以及投资项目的环保问题
《环境信息公开办法（试行）》	要求各级环保部门公开环保法律法规、政策、标准、行政许可与行政审批等十七类政府环境信息；强制超标、超总量排污的企业公开四大类环境信息，并不得以保守商业秘密为由拒绝公开，鼓励一般污染企业自愿公开环境信息

（2）丝绸之路经济带环境会计要素确认模糊、计量混乱。一是环境会计要素确认模糊。我国会计准则对会计六要素的确定有着明确的规定，但是由于环境会计的特殊性，目前我国学术界对于环境会计要素的界定尚处于理论研究阶段，尚无统一的认识，还没有形成成熟的确认标准和原则。目前主要有"三要素论""四要素论"和"六要素论"等观点。二是环境会计计量混乱。传统的会计计量是以交易价格为基础的，而环境会计却不能以此为基础进行计量。其中主要的原因在于环境会计中，环境成本和环境收益不能通过市场进行交易，所以也就没有了市场交易价格。截至目前，关于环境会计的计量问题还没有统一的看法，国家在这方面暂时还没有较为明确、统一的标准和具体的规定。

丝绸之路经济带在环境会计要素的确认和计量方面的标准和规范更是一片空白，如何对环境会计要素进行确认和计量仍然是个难题。因此，企业在实际操作中，由于缺乏依据而存在很大的主观随意性，导致各企业不能在环境问题上具有可比性。由此可见，准确确认和计量是实施环境会计的重中之重，如果不解决确认和计量问题，就无法进行会计的记录和报告。

3.1.2 企业实施环境会计内部存在的问题

(1) 丝绸之路经济带企业的环保意识不强

尽管经过"十五""十一五"以来的环境治理，丝绸之路经济带的天在变蓝、水在变清，但背后还隐藏着很多亟待解决的问题，丝绸之路经济带当前突出的环境问题是水、气、渣和农业资源污染。但企业"重经济轻环境"的思想还较为普遍，企业往往只顾眼前利益，对环境会计相关建设重视不够，同时对环境会计在建立健全环境信息公开化制度中的重要作用也缺乏认识。另外，根据环境会计的要求，应在传统会计上加上环境成本，这样无疑会减少企业的利润，进而企业会认为这样降低了市场竞争力，企业自然对此不感兴趣。

(2) 丝绸之路经济带的企业缺乏环境会计专业人才

环境会计由会计学、环境学、经济学和生物学等多学科交叉渗透而成。在具体应用过程中要运用到多门学科的原理、方法和手段，尤其对于生物学、环境学等专业性很强的学科。如丝绸之路经济带中的西北五省的教育资源比较丰富，如 2012 年西部地区高校本专科在校本科生和在校研究生 651.5 万人和 36 万人，较 2007 年分别增长 40.29% 和 44.93%。截至 2012 年 12 月 31 日，陕西省普通高等院校在校人数突破 100 万人。陕西省教育资源虽然非常丰富，但各高校培养会计人员还是以传统会计为标准，很少将环境学、生物学等学科与会计学结合起来，因此培养出的大多数会计人员在企业的实际操作中，只是熟练掌握本专业知识，相关专业即使了解也只是审计、税务、财政等，所以丝绸之路经济带的企业在环境会计领域的专业人才实际上是个空白。

(3) 丝绸之路经济带的企业环境信息披露不足

丝绸之路经济带在积极地转变经济发展方式，寻求经济的可持续发展，但丝绸之路经济带的不少企业面对追求经济效益与社会要求的可持续发展之间的矛盾时，受急功近利思想的影响，大多数企业不会愿意主动去牺牲自身经济利益去实现整个社会的可持续发展。由于企业环境责任的道德理念尚未真正形成，在缺少对公开披露的环境信息的鉴证下，企业倾向于放弃对环境信息的披露。

目前，丝绸之路经济带的环境会计信息披露主要以上市公司为主。通过对丝绸之路经济带的上市公司 2014 年财务报告、董事会报告和社会责任报告等的手动自行依次查询，统计出上市公司对于环境会计披露的状况。西北五省共 125 家上市公司，其中仅有 80% 披露了环境会计信息。在西南地区 194 家上市公司中，94.85% 的上市公司对于其环境会计信息进行了披露，5.15% 的上市公司未披露其环境会计信息，整体披露情况较高。

丝绸之路经济带在工业发展中很多大项目以煤炭等为主要能源，环境披露集中于重污染行业，而且丝绸之路经济带环境法规体系不健全，企业没有建立起完整的环境会计信息系统，丝绸之路经济带的企业环境会计信息披露严重不足，而且缺乏一定的可比性和可靠性，即使在相关报告中提到了环境信息的内容，也只是还停留在定性描述和历史性的信息上。

3.2 丝绸之路经济带上市公司实施环境会计存在问题的原因

当前丝绸之路经济带环境会计之所以得不到很好的实施，原因是多方面的，综合分析后主要体现在以下几点：

3.2.1 丝绸之路经济带尚未制定相关的环境会计规章制度

我国尚未制定相关的环境会计准则。与发达国家相比，在制度设计和制定方面还存在着较大的差距，丝绸之路经济带在关于环境会计的规章制度制定方面更是一片空白。这就使得丝绸之路经济带的企业在具体的环境会计实务中，无法规范环境会计要素的确认、计量以及披露，导致环境会计信息的需求与供给存在较突出的矛盾。比如在证监会有关信息披露的要求中，只是单方面要求企业在招股说明书中提供企业可能产生的对环境的不利影响，以及要求在法律意见书中披露发行人是否由于环保等原因产生债权债务等事项，但是没有要求企业具体披露环境会计的相关问题。这些情况不仅使环境会计在实际应用中难以顺利开展，而且也增加了环境审计的难度，使得企业环境审计缺乏有效监督。

3.2.2 丝绸之路经济带环境会计理论体系不完善

环境会计是由会计学、环境学、经济学和生物学等多学科交叉而成的一门边缘学科。我国 20 世纪 90 年代才引进环境会计理论，起步比较晚，环境会计的理论研究尚不成熟。一方面，政府对于会计理论研究的引导和支持力度不够；另一方面，高校和相关科研部门对环境会计理论的研究缺乏高度重视和努力创新。特别是在环境会计要素的确认、计量方面尚未形成共识，理论认识还不够一致，使得环境会计要素的确认、计量没有系统化，无法突破实务操作的障碍。

3.2.3 目前丝绸之路经济带的企业会计人员的素质参差不齐

在丝绸之路经济带寻求经济可持续发展的战略环境下，会计人员任重道远，担负着促进经济发展、推动社会进步、创建和谐社会的重任。环境会计中涉及许多新的概念与业务的核算，对会计人员的职业判断能力和处理复杂业务的能力提出了更高的要求，环境会计涉及许多新的概念与业务，对会计工作者的职业判断能力和处理复杂业务的能力要求不断提高。同时，环境会计有关信息的披露可能对企业产生不利影响，相比于传统的会计业务需求，会计人员要具有更强的社会责任感和更高的职业道德水平。但从目前情况来看，由于丝绸之路经济带的企业会计人员的业务素质参差不齐，还远远达不到要求。因此，丝绸之路经济带的企业会计工作者尚需付出更多努力来提高素质，从而担负起应有的使命。

3.2.4 丝绸之路经济带的企业缺乏强有力的外部法律监督机制

我国在环境保护立法方面做了大量的工作，已经颁布了 6 部环境保护法律，13 部与环境相关的资源保护法律以及 395 项环境标准，这为全国环境保护的实施提供了强有力的理论基础。并且我国于 2014 年 4 月 24 日由第十二届全国人民代表大会常务委员会第八次会议修订通过了《中华人民共和国环境保护法》，并于 2015 年 1 月 1 日起开始施行。丝绸之路经济带在积极实行国家颁布的环境保护法的同时，也制定了一系列的地方性法规。近年来关于环境相关地方性法规总结如表 3—2 所示。

表 3—2 环境保护法规统计表

时间	具体法规	主要内容
2007.3.1	陕西省实施《中华人民共和国环境影响评价法》办法	规划的环境影响评价、建设项目的环境影响评价、公众参与以及违反本条例应负的法律责任
2008.11.11	陕西省秦岭生态环境保护条例	生态环境保护规划和生态功能区划、植被保护、水资源保护、生物多样性保护、开发建设生态环境保护以及违反本条例应负的法律责任
2009.10.26	陕西省节约能源条例	节能管理、有效开发能源、合理使用能源、节能促进和保障以及违反本条例应负的法律责任
2009.10.26	陕西省湿地保护条例	湿地保护规划、湿地保护区的建立、对湿地保护区的监督管理以及违反本条例应负的法律责任
2009.11.11	陕西省实施《中华人民共和国草原法》办法	草原权属、草原规划与建设、草种管理、草原征占用、草原保护以及违反本条例应负的法律责任

时间	具体法规	主要内容
2011.4.1	陕西省环境保护条例（草案送审稿）	对环境功能区划与环境保护规划、环境监督管理、污染防治、生态环境保护、环境风险防范与应急处置、各种法律责任
2011.7.22	陕西省循环经济促进条例	制定了管理制度、减量化、再利用和资源化、激励措施及相应的法律责任，减少资源消耗和废物产生，提高资源利用效率
2013.11.29	陕西省大气污染防治条例	适用于本省行政区域内的大气污染防治活动
2003.11.28	甘肃省湿地保护条例	为了加强对湿地的保护，恢复和保障湿地的基本功能，促进湿地资源的可持续利用制定本条例
2011.12.1	新疆维吾尔自治区环境保护条例（修订本）	对环境监督管理，保护和改善环境，环境污染防治，法律责任的保护条例
2010.5.1	新疆维吾尔自治区危险废物污染环境防治办法	防治危险废物污染环境，保障人身和生态安全，促进经济社会可持续发展，对自治区行政区域内产生、收集、储存、运输、利用、处置危险废物污染环境的防治和监督
2011.12.1	新疆维吾尔自治区环境保护条例（修订本）	为保护和改善环境，防治污染和其他公害，保障人体健康和环境安全，促进经济与社会可持续发展，根据《中华人民共和国环境保护法》和有关法律、法规，结合自治区实际，制定本条例
2011.11.24	西宁市环境保护条例	保护和改善生活环境与生态环境，防治污染和其他公害，环境保护及其相关管理活动及违反本条例应负的法律责任
2013.9.27	青海省湟水流域水污染防治条例	加强湟水流域水污染防治，保护和改善湟水水质，保障人民群众生活、生产用水安全，促进经济社会全面协调可持续发展
2011.4.1	宁夏回族自治区危险废物管理办法	对危险废物实行分类管理、集中处置原则，实现危险废物的减量化、资源化和无害化及相关法律责任
2011.12.1	宁夏回族自治区环境教育条例	加强和普及环境教育，增强公民环境意识，建设生态文明，对环保教育工作进行了说明
2014.4.9	宁夏回族自治区泾河水源保护区条例	加强泾河水源保护，合理利用水资源，维护生态环境，根据《中华人民共和国水污染防治法》和有关法律、行政法规，结合自治区实际，制定本条例

这些法规基本形成了丝绸之路经济带环境保护的法律监督体系，但丝绸之路经济带环保立法执法方面存在的欠缺，使得环境保护法规所规定的各项基本法律制度并没有得到很好地贯彻执行，且甘肃地区近几年来并没有颁布相关环保法规。这影响了企业外部监管力度，进而影响了企业对于环境会计信息的披露。在进行重大经济发展规划和生产力布局时，企业并没有坚持"环境经济与社会协调持续发展"的环境法基本原则，也没有进行环境影响评价，因而做出明显违反环境法律规范的经济发展决策。大多数企业在没有相关法律、法规强制性的要求下，不会为减轻生态环境破坏而自觉地增加支出。即使增加了相关的支出，大多数企业在某种程度上仍不愿意主动向社会披露这方面的信息，怕损害企业的环保形象。所以，环保立法的深度与广度以及执法的力度都需要进一步明确和加强。

4 丝绸之路经济带环境会计信息披露区域性研究——以陕西省为例

4.1 陕西环境会计影响的理论剖析

4.1.1 低碳经济发展的趋势分析

(1) 低碳经济的起因

随着人类从原始社会走向工业社会，全球人口和经济规模的不断增长，各种能源的使用数量与日俱增，而能源的大量使用带来的是环境污染问题。酸雨、沙尘暴、烟雾、光化学以及二氧化碳的增加所带来的温室效应，均已成了阻碍人类可持续发展的严重问题。在这样的背景之下，"低碳经济""低碳发展"以及"低碳生活方式"等一系列新概念、新政策应运而生。所谓低碳经济，就是指在可持续发展的指导与理念之下，通过产业转型、技术创新或者新能源开发等多种手段相结合，尽可能地减少各种高碳能源消耗，缓和温室效应，达到经济社会发展与生态环境保护双赢的一种经济发展状态[43]。发展低碳经济，一方面可以使企业主动承担环境保护的责任，完成国家所提出的节能减排的目标；另一方面，发展低碳经济可以有效地调整经济结果，提高能源的利用效率，发展新兴工业，建设生态文明。这是我们摈弃以往的"先污染后治理、先粗放后集约、先低端后高端"发展模式的现实途径，这也是实现经济发展和资源环境保护双赢的必然选择。

低碳经济是在全球气候变暖、未来能源安全存在问题的背景下产生的。这些问题将对人类的生存与发展提出严峻的挑战。低碳经济产生的根源可以追溯到1992年的《联合国气候变化框架公约》和1997年的《京都议定书》。而"低碳经济"这一词最早被英国所使用，具体是在2003年英国的能源白皮书《我们能源的未来：创建低碳经济》的政府文件中首次运用"低碳经济"一词。英国作为第一次工业革命的先驱，其资源却并不丰富，英国在当时已经充分意识到了能源安全和气候变化的威胁，它正经历着从自给自足的能源供应走向主要依靠进口的时代，它也了解到低碳经济的重要性。此外，2007 版的英国能源白皮书中又提到了迎接能源挑战，体现了英国在能源政策上的务实态度。2006 年，前世界银行首席经济学家尼古拉斯·斯特恩牵头做出的《斯特恩报告》指出，全球以每年 GDP 1% 的投入，可以避免将来每年 GDP5% ~ 20% 的损失，呼吁全球向低碳经济转型。纵然低碳经济是环境问题所导致而产生的，但是随着世界的不断发展，低碳经济已经由一个单纯的经济和技术问题，演变成国家的政治和战略问题了。

（2）我国低碳经济的发展状况

从我国自身来说，发展低碳经济既是自身发展的内在需求，也是解决日益突出的资源、能源和环境等和谐发展的问题。发展低碳经济也是我国积极应对全球气候变化的重要措施，同时低碳经济的发展可以给企业创造新的竞争优势和机会，因此我国政府也发布了一系列的政策、法规，以及在不同场合表明我国政府对低碳经济的态度，从而积极推动低碳经济的发展。

表 4—1 近年来我国参与或召开的低碳经济会议统计表

时间	主要事项	内容
2007 年 7 月	国家应对气候变化及节能减排工作领导小组第一次会议和国务院会议	部署应对气候变化工作，组织落实节能减排工作
2007 年 9 月	亚太经合组织（APEC）第 15 次领导人会议	国家主席胡锦涛明确主张"发展低碳经济，开展全民气候变化宣传教育，提高公众节能减排意识，让每个公民自觉为减缓和适应气候变化做出努力"
2008 年 1 月	世界自然基金会（WWF）正式启动"中国低碳城市发展项目"	推动城市发展模式的转型
2009 年 9 月	联合国气候变化峰会	中国将进一步把应对气候变化纳入经济社会发展规划，并继续采取强有力的措施
2010 年 3 月	召开"两会"	生态环保、可持续发展
2010 年 8 月	发改委确定在五省八市开展低碳产业建设试点工作	编制低碳发展规划；制定支持低碳绿色发展的配套政策；加快建立以低碳排放为特征的产业体系；建立温室气体排放数据统计和管理体系；积极倡导低碳绿色生活方式和消费模式

2007 年 7 月温家宝总理在两天时间里先后主持召开国家应对气候变化及节能减排工作领导小组第一次会议和国务院会议，研究部署应对气候变化工作，组织落实节能减排工作。同年 9 月，国家主席胡锦涛在亚太经合组织（APEC）第 15 次领导人会议上，郑重提出了四项建议，明确主张"发展低碳经济"，令世人瞩目。胡锦涛主席还提出："开展全民气候变化宣传教育，提高公众节能减排意识，让每个公民自觉为减缓和适应气候变化做出努力。"这也充分地向全国人民发出了号召，对每位公民和每个企业提出了新的要求和期待。他也建议建立一个"亚太森林恢复与可持续管理网络"，共同促进亚太地区森林恢复和增长，减缓气候变化。也在同年 9 月，当时的国家科学技术部部长万钢在中国科协年会上呼吁大力发展低碳经济。

2008 年 1 月 28 日，世界自然基金会（WWF）正式启动"中国低碳城市发展项目"，以期推动城市发展模式的成功转型，其中被列为首批试点城市的是保定和上海。根据世界自然基金会（WWF）和保定签订的《合作备忘录》，在"新能源产业带动城市低碳发展"的原则下，双方的合作将重点集中在：新能源产业及低碳经济发展方面先进理念和经验的引入；保定市成功经验的国内外推广；保定市新能源产业发展的能力建设。同年 6 月，中国社会科学院在北京发布的《城市蓝皮书：中国城市发展报告 (NO.2)》指出，在全球气候变化的大背景下，发展低碳经济正在成为各级部门决策者的共识。节能减排，促进低碳经济发展，既是救治全球气候变暖的重要且关键性方案，又是践行科学发展观的重要手段[64]。2009 年 9 月胡锦涛主席在联合国气候变化峰会上承诺："中国将进一步把应对气候变化纳入经济社会发展规划，并继续采取强有力的措施。一是加强节能、提高能效，争取到 2020 年单位国内生产总值二氧化碳排放比 2005 年有显著下降。二是大力发展可再生能源和核能，争取到 2020 年非化石能源占一次能源消费比重达到 15% 左右。三是大力增加森林碳汇，争取到 2020 年森林面积比 2005 年增加 4000 万公顷，森林蓄积量比 2005 年增加 13 亿立方米。四是大力发展绿色经济，积极发展低碳经济和循环经济，研发和推广气候友好技术。"[65]

2010 年 3 月召开的"两会"上，生态坏保与可持续发展成为主题，全国政协"一号提案"内容就是谈低碳环保。温家宝在今年的政府工作报告中指出要重点抓好八个方面工作：国际金融危机正在催生新的科技革命和产业革命。发展战略性新兴产业，抢占经济科技制高点，决定国家的未来，必须抓住机遇，明确重点，有所作为。要大力发展新能源、新材料、节能环保、生物医药、信息网络和高端制造产业[66]。

2010 年 8 月国家发改委确定将广东、辽宁、湖北、陕西、云南五省和天津、重庆、深圳、厦门、杭州、南昌、贵阳、保定八市作为低碳试点。这是政府首次以单独文件的方式要求实施低碳工作，而以前只是在不同文件中强调，显示了国家对节能减排，实现经济转型的重视程度，标志着中国经济将迈上低碳之路[67]。在今后的发展中，我国将进一步加大政策的支持力度，加快低碳经济的发展，为建设低碳国家作出不懈的努力。

4.1.2 低碳经济发展对陕西环境会计的影响

陕西省自从 2006 年，率先被列为国家应对气候变化方案试点省份后，各级领导以及各行各业都一直为节能减排和发展低碳经济付出自己的努力。西安市市长陈宝根也明确表示，要大力发展三低（低能耗、低污染、低排放）为基础的低碳经济，这是和谐发展、科学发展和绿色发展的战略选择。无论是 2009 年提出的"关中—天水"经济区发展规划，还是召开的各种论坛，环境问题和低碳经济一直是陕西省重点关注的问题。

表 4—2　近年来与陕西省环境问题相关的会议统计表

时间	项目	内容和目标
2006 年 6 月	中国应对气候变化国家方案	被列为国家应对气候变化方案试点省份
2009 年 6 月	关中—天水经济区 发展规划	生态环境建设取得新进展
2009 年 12 月	应对气候变化和陕西 可持续发展论坛	会议提出将发展低碳经济纳入"十二五"发展规划及长期战略
2009 年 12 月	中国西部生态文明建设 暨绿色陕西高峰论坛	以"共创生态文明，促进低碳发展"为主题，就中国西部地区以及陕西、低碳经济发展等内容进行交流和探讨
2010 年 1 月	政府工作报告	把绿色经济、低碳经济、循环经济作为新的发展理念
2010 年 8 月	发改委确定在五省八市开展低碳产业建设试点工作	被列为首批试点城市

从上面的统计表中可以看出，近年来，陕西省对低碳经济的重视程度逐步提高，而政府的各项工作也加快了企业实施低碳经济和环境会计的步伐。陕西省的能源是十分丰富的，但是一些优势较大的行业都是国家公认的高碳产业，比如陕西省由煤炭消费导致的碳排放量比重一直保持在70%以上，尤其在2000年以前，其均值在90%以上。大多数的企业对碳的利用率极其低下，其在追求利润最大化的同时，不可避免地会过度开发自然资源，造成自然资源的浪费，为了自身利益的获得对环境造成了巨大的污染，这使得我省面临的环境问题越发的严重。在这种低碳经济背景下，企业通过实施环境会计，能够把在经济发展过程中由于环境资源利用不合理最终导致的各种事项用数字进行科学的描述，有利于增强企业的可持续发展能力，同时实现整个社会的经济效益和环境效益的协调发展。也就是说，环境会计是加强环境治理的一个非常重要的方面，低碳经济的发展必然会促进我省环境会计的有效实施。

（1）低碳经济的发展使陕西环境会计的实施更具有必要性和紧迫性

发展低碳经济和实施环境会计两者之间是相互依赖、相辅相成的关系，发展低碳经济是有效实施环境会计的前提条件和理论基础，而实施环境会计是发展低碳经济的实现途径和必要手段。20多年前环境会计在我国已经开始萌芽，但陕西省企业一直没有对此过多的关注。如今，陕西省积极响应国家号召，大力提倡低碳经济，陕西省企业要想得到更好的发展，必须遵循政府的要求，发展低碳经济，实施环境会计。因此，低碳经济的发展使陕西环境会计的实施更具有必要性和紧迫性。

（2）低碳经济的发展规范了陕西环境会计的核算

从我国20世纪90年代引入环境会计到现在，都没有一套完整而系统的环境会计核算体系，无论是对于环境会计的确认还是计量，都没有相应的准则进行规范，各个企业仅仅是按照自己的方式对其进行核算，这使得环境会计核算体系非常混乱。而在目前低碳经济的背景下，众多的学者开始系统地研究环境会计核算的方法，到如今针对环境资产和环境负债已有了较为统一的概念。在具体的应用中，资产弃置债务会计、碳会计、土壤污染修复会计、空气环境会计等具体操作方法，也在学者们的研究中逐步形成。在陕西省政府和学者们的推动下，陕西省也必定会加强环境会计核算体系，促进环境会计的有效实施。因此，低碳经济的发展在很大程度上会促进陕西环境会计核算体系的建立，从而规范陕西省环境会计的核算。

(3) 低碳经济的发展推动了陕西企业环境会计信息的披露

对企业环境会计核算的内容进行确认、计量、记录以及报告，即对环境会计信息进行披露，有助于各方信息使用者及时了解企业的环境会计信息。陕西省在低碳经济发展背景下，会迫使利益相关者开始注重企业是否开始发展低碳经济，而环境会计信息的披露是发展低碳经济的必要手段和实施途径。因此，低碳经济的发展将有利于进一步推动陕西企业的环境会计信息披露。

总之，"低碳"的出现，对于陕西省环境会计来说既是一个机遇又是一个挑战，陕西省要想建设成国际化的大都市，要想得到可持续发展，必须抓住低碳经济这一契机，加快转变陕西省企业的经济发展方式，以建设低碳城市为目标，最大限度地处理好企业和环境资源之间的密切联系，研究其成本和收益的变化所引起的会计信息的变化，大力发展环境会计和实施环境会计，以及大力发展低能耗、低污染和低排放的高新技术产业。这样，陕西省必然能够成为低碳经济下的能源大省。

4.2 陕西省环境会计的实施现状

4.2.1 我国实施环境会计的必要性

近年来，我国逐年加大环保力度，取得了较为显著的成绩。2009 年污染减排取得显著的成效，污染防治的工作稳步推进，基础能力建设取得积极的进展，2009 年各项工作顺利完成。具体环保成效体现在以下几个方面：

(1) 2009 年主要污染物总量减排情况

2009 年，我国实施在工程上减排、结构上减排和管理上减排的三大措施，这三大措施也稳步发挥效益。

表 4—3 2009 年我国主要污染物的减排情况

序号	减排总措施	减排的具体措施
1	工程减排	全国新增化学需氧量减排量 116.6 万吨、二氧化硫减排量 173.4 万吨
2	结构减排	"上大压小"关停小火电装机容量 2617 万千瓦，且分别淘汰炼钢、炼铁、焦炭和水泥等落后产能 1691 万吨、2113 万吨、1809 万吨和 7416 万吨，关闭造纸、化工、酒精、味精和酿造等企业 1200 多家。通过淘汰关停落后产能，我国新增的化学需氧量减排量 26.3 万吨、二氧化硫减排量 84.2 万吨
3	管理减排	2007 年以来，累计安排减排的"三大体系"建设资金 60.6 亿元，总共建成污染源监控中心 306 个，对近 13000 家重点企业实施了自动式监控。我国的环境信息与统计能力建设项目已全面启动实施

数据来源：2009 年中国环境状况公报。

（2）2009 年大气环境质量状况

在 2009 年，我国的城市空气质量总体良好，比 2008 年有所提高，不过，部分城市依然污染严重。全国地级及以上城市环境空气质量的达标比例为 79.6%，县级城市的达标比例为 85.6%。2009 年，全国 612 个城市开展了环境空气质量监测，其中达到一级标准的城市 26 个（占 4.2%），达到二级标准的城市 479 个（占 78.3%），达到三级标准的城市 99 个（占 16.2%），劣于三级标准的城市 8 个（占 1.3%）。

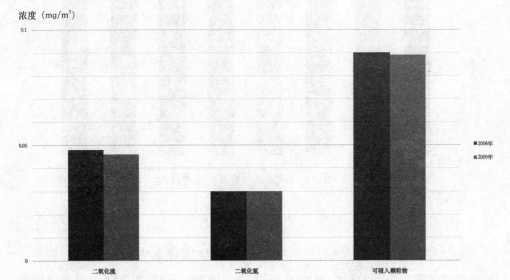

数据来源：2009 年中国环境状况公报。

图 4—1 2009 年重点城市污染物浓度年度比较

全国酸雨分布的区域保持稳定，但是酸雨污染依然较重。2009 年我国酸雨发生频率分段统计数据如表 4—4 所示。

表 4—4 2009 年全国酸雨发生频率分段统计

酸雨发生频率	0	0%～25%	25%～50%	50%～75%	75%～100%
城市数（个）	230	94	62	49	53
所占比例（%）	47.1	19.3	12.7	10	10.9

数据来源：2009 年中国环境状况公报。

（3）2009 年水环境状况

①淡水环境的状况：2009 年，国控废水和废气重点污染源排放达标率分别

为 78% 和 73%，较上年提高 12 和 13 个百分点。全国地表水污染依然较重。七大水系总体为轻度污染，浙闽区河流为轻度污染，西北诸河为轻度污染，西南诸河水质良好，湖泊（水库）富营养化问题突出。

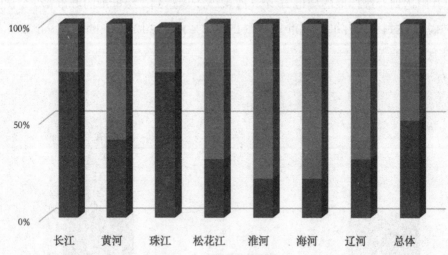

■ Ⅰ～Ⅲ类　■Ⅳ～Ⅴ类　■劣Ⅴ类

数据来源：2009 年中国环境状况公报。

图 4—2　水质量类别比例图

2009 年西北诸河总体为轻度污染。26 个国控监测断面中，Ⅰ～Ⅲ类、Ⅳ类、Ⅴ类和劣Ⅴ类水质的断面比例分别为 73.1%、19.3%、3.8% 和 3.8%。主要污染指标为石油类、氨氮和五日生化需氧量。

②海洋环境的状况：我国近岸海域水质总体为轻度污染。与上年相比，水质无明显变化。2009 年，近岸海域监测面积共 279940 平方千米，其中Ⅰ、Ⅱ类海水面积 213208 平方千米，Ⅲ类为 18834 平方千米，Ⅳ类、劣Ⅳ类为 47898 平方千米。

按照监测点位计算，Ⅰ类和Ⅱ类海水比例为 72.9%，比上年上升 2.5 个百分点；Ⅲ类海水占 6.0%，比上年下降 5.3 个百分点；Ⅳ类和劣Ⅳ类海水占 21.1%，比上年上升 2.8 个百分点。

表 4—5 2009 年海河流排入四大海区各项污染物总量表

海区	高锰酸盐指数（吨）	氨氮（万吨）	石油类（万吨）	总磷（万吨）
渤海	7.8	2.2	0.09	0.19
黄海	26	2.8	0.28	0.78
东海	302.8	39.3	3.49	21.15
南海	111.8	16.2	2.48	3.68
总计	448.4	60.5	6.34	25.8

数据来源：2009 年中国环境状况公报。

(4) 2009 年固体废物排放及利用的状况

2009 年，我国工业固体废物产生量为 204094.2 万吨，比上年增加 7.3%；排放量为 710.7 万吨，比上年减少 9.1%。

表 4—6 2009 年全国工业固体废物产生及处理情况

产生量（万吨）		综合利用量（万吨）		储存量（万吨）		处置量（万吨）	
合计	危险废物	合计	危险废物	合计	危险废物	合计	危险废物
204094.2	1429.8	138348.6	830.7	20888.6	218.9	47513.7	428.2

数据来源：2009 年中国环境状况公报。

综上所述，从 2009 年我国的主要污染物状况、空气质量状况、水质量状况和固定废物排放及利用状况来看，我国的环境状况依然不容乐观，虽然在多年的环境保护工作中取得了一定的成效，但问题仍然存在。我国的环境状况仍然值得我们高度关注，环境保护的力度依然需要进一步加强。正是由于这种严重的环境形势，才要求每个企业在利用资源获得经济收益的过程中，应该披露与环境会计相关的会计信息。也就是说，必须在会计核算中将与环境相关的要素进行确认和计量，这样才能有效地控制好资源的利用情况，也能有效地了解资源的消耗情况，也让企业承担起应有的社会责任。因此，我国严峻的环境状况也迫切要求加快实施环境会计。

4.2.2 陕西省环境会计的实施必要性分析

(1) 陕西省严峻环境形势促进环境会计的实施

2009 年，陕西省 10 个地级城市空气环境质量优良天数达到 304 ～ 362 天，成为有监测记录以来最好水平。全省 16 个省控市（县、区）环境空气质量监测结果表明：环境空气质量总体与 2008 年持平，具体情况如表 4—7 所示。16 个省控市（县、区）中，铜川、咸阳、汉中、安康、商洛、三原和兴平达到国家环境空气质量二级年均值标准（居住区标准）；西安、宝鸡、渭南、延安、榆林、耀州、略阳、韩城达到国家环境空气质量三级年均值标准（特定工业区标准）。

表4—7 城市空气质量优良天数

单位：天

年度 (年)	城市	西安	渭南	咸阳	铜川	延安	宝鸡	汉中	安康	商洛	榆林
2007	优良天数	294	287	303	296	283	311	322	354	341	278
	优良率(%)	80.6	78.6	83.0	81.1	77.5	85.2	88.2	97.0	93.4	76.2
2008	优良天数	301	311	305	333	302	313	332	360	345	312
	优良率(%)	82.2	85	83.3	91	82.5	85.5	90.7	98.4	94.3	85.2
2009	优良天数	304	304	322	334	313	312	337	362	349	336
	优良率(%)	83.3	83.3	88.2	91.5	85.8	85.5	92.3	99.2	95.6	92.1

数据来源：2007年、2008年和2009年陕西省环境状况公报整理得到的数据。

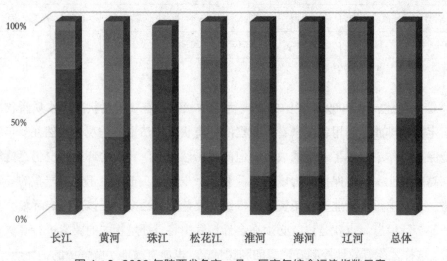

图4—3 2009年陕西省各市、县、区空气综合污染指数示意

2009年的空气质量日报显示，全省城市空气质量日报优良率为89.7％，比2008年提高1.9个百分点。10个城市空气质量日报优良率范围为83.3％～99.2％。其中，铜川、商洛、安康、汉中和榆林5个城市空气质量日报优良率达到90％以上；西安、渭南、咸阳、宝鸡、延安5个城市空气质量日报优良率达到80％以上。从空气质量的整体现状来看，由于西安市、华阴市、延安市、韩城市以及渭南市等地区存在重污染企业，因此这几个城市的污染指数偏高。当然空气质量的好坏，还与我省长期以来的粗放型生产方式，片面追求经济利益的高速度是有一定关系的。

正是由于我国长期以来以粗放型生产方式为主，导致了企业片面地强调追求经济利益的高速增长，忽视了环境的保护。从陕西省企业来看，同全国其他省份的企业一样，由于陕西省资源比较丰富，大多数的企业为了追求高额的利润，不注重对资源的保护，从而对陕西省的环境造成了很大的影响。从 2007～2009年连续三年由陕西省环保厅发布的《陕西省环境状况公报》可以看出，陕西省环境污染比较严重，废水、废气及主要污染物的排放量比较大（表4—8）。2007～2009年陕西省废水、废气及主要污染物的统计数据如下：

1）废水及主要污染物状况

表4—8 2007～2009年陕西省废水及主要污染物排放量统计

年度 （年）	废水排放量（亿吨）			化学需氧量排放量（万吨）			氨氮排放量 （万吨）
	合计	生活	工业	合计	生活	工业	
2007	9.93	5.08	4.85	34.48	17.07	17.41	
2008	10.49	5.64	4.85	33.21	19.96	13.25	
2009	11.22	6.23	4.99	31.81	20.17	11.64	3.21

资料来源：根据2007～2009年《陕西省环境状况公报》整理得到的数据。

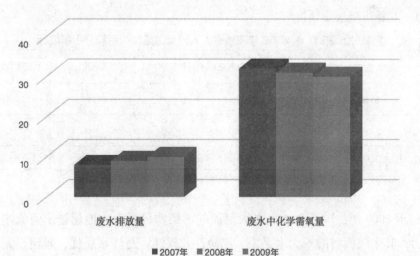

图4—4 2007～2009年废水及主要污染物排放量比较

■2007年 ■2008年 ■2009年

从上表可以看出，2007～2009年陕西省废水排放总量有增加的趋势，其中化学需氧量排放量三年相差不大。这些都说明了虽然陕西省通过多项措施在治理废水，但是效果不是太明显，需要进一步加大废水的治理强度。

2) 废气中主要污染物状况

表4—9 2007～2009年陕西省废气及主要污染物排放量统计

单位：万吨

年度（年）	二氧化硫排放量			烟尘排放量			工业粉尘排放量
	合计	生活	工业	合计	生活	工业	
2007	92.72	8.16	84.56	32.23	6.54	25.69	29.33
2008	88.94	8.28	80.66	27.56	11.22	16.34	20.89
2009	80.44	6.25	74.19	20.23	5.15	15.08	14.79

资料来源：根据2007～2009年《陕西省环境状况公报》整理得到的数据。

从上表中可以看到，废气的排放量呈现逐年下降的趋势，其中2009年与2007年相比较二氧化硫排放量下降了13.24%、烟尘排放量下降了31.03%、工业粉尘排放量下降了49.57%。这当然从一个侧面说明了陕西省在治理废气排放方面付出了很大的努力，但是形势还是不容乐观，因为二氧化硫的排放量依然在80万吨左右，需要加大力度进行治理。

3) 主要河流水质情况

表4—10 2007～2009年陕西省排入河流污染物的污染分担率统计

年度（年）	石油类（%）	氨氮（%）	五日生化需氧量（%）	挥发酚（%）	化学需氧量（%）	高锰酸盐（%）
2007	30.30	13.12	13.12		11.12	11.24
2008	31.13	17.1	7.59		9.88	8.65
2009	35.07	12.5	10.98	10.95	10.73	8.17

资料来源：根据2007～2009年《陕西省环境状况公报》整理得到的数据（数据均为百分比）。

截至2009年，陕西省排入各大河流的污染物已经大大地超过了河流本身的承受力，其中陕西省的6大水系中，嘉陵江、汉江、丹江水质优，延河、无定河水质轻度污染，渭河水质重度污染。11条支流中，金陵河水质良好，榆溪河、黑河、沣河、沋河、涝河水质轻度污染，灞河、皂河、临河、漆水河、北洛河水质重度污染。因此，陕西省的主要河流水质状况不容乐观。

4）工业固体废物产生及处理情况

表 4—11 2007 ～ 2009 年陕西省工业固体废物产生及处理情况

单位：万吨

年度 (年)	产生量		综合利用量		储存量		处置量	
	合计	危害废物	合计	危害废物	合计	危害废物	合计	危害废物
2007	5480.02	8.1	2292.16	—	711.33	—	1472.03	—
2008	6136.87	8.92	2472.11	3.73	1038.18	3.21	2616.77	2.79
2009	5546.67	12.98	2997.55	7.67	1099.46	4.02	1445.14	4.87

资料来源：根据 2007 ～ 2009 年《陕西省环境状况公报》整理得到的数据。

在 2009 年，陕西省共有 32 家企业持有危险废物经营许可证，其中 30 家为危险废物利用处置企业，2 家为医疗废物处置企业。危险废物利用处置企业主要分布于石油、化工、冶金、金属加工业等行业，其中石油类利用处置企业数量居首位，数量达 21 家。陕西省危险废物集中处理处置中心试点火成功，总体状况如下：西安、渭南市医疗废物集中处置中心已经建成运行；宝鸡、商洛、延安、榆林等市医疗废物集中处置设施和汉中危险废物处置中心正在建设；安康市医疗废物集中处置设施正在进行开工准备。从表 4—11 可以看出，近三年来陕西省的工业固体废物产生量远远地大于综合利用量或处置量，储存量近年来呈现增长的趋势。因此，固定废物的利用处置工作还有待进一步加强。

综上所述，虽然公报显示较以前年度陕西省主要污染物排放总量持续下降，但是与其他省份相比环境状况依然不容乐观，虽然在多年的环境保护工作中取得了一定的成效，但问题仍然存在，环境状况仍然是值得关注的问题，环境保护的力度必须进一步加强。据资料显示，陕西省大部分企业长期以来并没有把对环境的消耗考虑到成本核算中，也没有通过具体的数字显示出污染的危害程度。但是，资源的数量是有限的，逐年的消耗量不断增加，这样的结果使我们认识到环境资源正在面临岌岌可危的局面。企业作为环境问题的主要责任者，需要披露环境管理措施、污染控制、环境恢复、节约能源、废旧原料回收、有利于环保的产品[68]等环境信息，这样才便于政府、社会大众等的监督。将环境成本纳入企业经营分析和决策过程，把环境业绩作为企业业绩考核的指标。督促企业真实、全面、及时地披露环境信息，加强环境管理。因此，陕西省严峻的环境形势促使其有必要实施环境会计。

（2）环境会计是《关中—天水经济区发展规划》的要求

2009 年 6 月 10 日，《关中—天水经济区发展规划》正式经国务院批准并启动实施。自此，陕西省西安市特大城市对周边地区辐射带动作用明显。经济区把装备制造、新兴战略产业以及生产性现代服务业等作为结构调整的目标，着力打造航空航天、汽车及零部件、输配电装备、电子信息、绿色食品等 15 个优势特色产业基地[69]。

经济区规划中有六大目标，其中一个目标就是使生态环境建设取得新的进展。森林覆盖率达到 47% 以上，自然湿地保护率达到 60% 以上；资源消耗和环境污染能够显著降低，渭河干流达到 III 类水质，中心城市市区空气中 SO_2 和 NO_2 含量能够达到国家二级标准，城镇污水、生活垃圾、工业固体废物等基本实现无害化处理。从这些年经济区完成的主要经济社会发展指标，可以看出其在生态环境建设方面所取得的成绩。

表 4—12 经济社会发展主要指标

指标	2007 年	2008 年	2009 年
城镇污水处理率（%）	60	80	90
垃圾无害化处理率（%）	50	75	100
工业固体废物综合利用率（%）	42	75	90
城市绿化覆盖率（%）	39.2	42	45
主要河流水质	劣 V 类	V 类	III 类

数据来源：关中—天水经济区发展规划。

其中，《关中—天水经济区发展规划》在基础设施规划的能源方面、生态环境方面、财政税收方面、环保政策方面和低碳产业的建设方面提出了新的要求：

1）在基础设施规划的能源方面：要求优化发展火电，加快淘汰小火电机组，优先建设"上大压小"电站项目。鼓励发展热电联产，重点解决地级城市集中供热问题。科学布局煤电基地，采用高效、清洁技术改造现役火电机组。做好西安灞桥热电厂和渭河发电厂改扩建、秦岭电厂"上大压小"扩建工作，建设韩城二电厂二期、蒲城电厂三期。

2）在生态环境方面：要求坚持节约为先、开发与节约并重原则，同时大力发展循环经济，建立节能型产业结构，加大节能新产品新技术研发、生产、推广力度。针对新建、改扩建的项目，率先实行国际先进水平的能耗、水耗、物耗等标准,从而降低单位产出能源资源消耗。提高资源综合利用水平,加快淘汰高污染、高耗能、资源型落后产能。推进韩城、彬长等城市和蒲白、澄合等矿区实施资源型城市转型,对铜川资源枯竭城市进行可持续发展的试点,并且试点建设好杨凌、韩城以及商丹等循环经济园区,把经济区建设发展成为循环经济产业集聚区。

3) 在财政税收方面:要求在统筹考虑企业承受能力的基础上,适当提高一些税费的征收标准和征收比率,如探矿权、采矿权使用费征收标准和矿产资源补偿费费率。建立矿业企业矿区环境治理和生态恢复的责任机制。

4) 在环保政策方面:要求培育专业化的环保设施建设与运营体系,探索环境容量有偿使用和水权交易、初始排污权的有偿使用和排污权的交易机制。另外,寻求建立有利于循环经济发展的价格和税收政策。

5) 在循环低碳产业的建设方面:发展循环低碳产业是经济区高起点谋划的又一亮点。在商洛市商丹循环工业经济园区,通过商州化工、商洛市广达化工、商洛市鸿源化工这三个企业间的配套合作,逐步实现了同业间的循环产业链条。遵循"微循环抓生态企业,小循环抓生态工业园区,中循环抓生态产业链条,大循环抓循环型社会"的工作思路,同时以建设循环工业经济园区为突破口,以建设产业内和产业间的循环为着力点,商洛正全力推进循环经济发展。

可见,低碳经济是《关中—天水经济区发展规划》的必然要求,走可持续发展道路是经济区发展的必然趋势,低碳经济同时也是陕西省企业长久生存的保障。面对资源越来越紧张的时代,只有不断提高资源的利用率,才有助于提高企业的核心竞争力。因此,应《关中—天水经济区发展规划》的要求,除了要提升创新效能,发展循环低碳产业外,环境会计的实施也成为经济区加速发展的突破口。在整个经济区中陕西省西安市占据着举足轻重的地位,因此,陕西省更应该建立环境会计,积极充分及时地对外界披露环境信息,提供包括环境成本、环境负债在内的较客观准确的资产负债状况、盈利能力和偿债能力状况,可以沟通企业与各方的关系,有助于树立良好的企业形象,使其在资本市场和商品市场上具有更强的竞争力。

(3) 环境会计是实施陕西省可持续发展战略的必然选择

可持续发展战略是指既满足当代人的需要,又不对后代人满足其自身需求的能力构成危害的发展,这是人们经过长期的对人类与环境、经济与环境系统的辩证关系正反两方面总结的结果,它得到世界各国的普遍赞同和支持。与之相适应,我国在2000年实施了西部大开发战略,其中已经明确提出以可持续发展战略为指导，并且还应该以不破坏生态环境为前提。其实可持续发展战略的基本要求就是经济与环境必须协调发展，保证经济、社会和环境能够真正实现长期持续发展。陕西省的西安市在第一轮西部大开发中作为前哨，在第二轮西部大开发中也被着重强调了战略地位。以陕西省为代表的西部工业过去的发展模式是一种资源高消耗、低利用、多废物排放的粗放型模式，环境污染大，还有农业上的不合理的耕作等都加剧了陕西省生态环境的继续恶化。一方面由于生态和环境问题关系到人们的生活质量和身心健康，这越来越受到社会公众的广泛关注；另一方面政府的重视和媒体的宣传，又在很大程度上促进了社会公众生态环境意识的提高和增强。因此，西部地区在进行二次创业时，特别是陕西省，必须按照国家的长远安排进行，实现经济的可持续发展，为子孙后代创造一个山川秀美的大西部。

环境会计是基于企业在追求经济效益的同时，协调企业与环境长期互利、共存的关系产生的，它主要着眼于企业在环境良性循环的前提下实现持续经营。可以说，陕西省的可持续性发展是环境会计建立和发展的基础和前提，而环境会计的存在是陕西省实施可持续发展战略的客观要求。因此，可持续性发展战略下的环境管理是现代企业管理的一项重要内容。传统的会计方法只强调提高经济效益，因此环境资源的损耗情况得不到很好的反映。然而，建立了环境会计，可以通过其特殊的计量方法来实事求是地反映企业对环境资源的损耗和补偿过程，从而实现环境资源损耗和有效利用的良性循环，达到经济效益、社会效益和环境效益的协调发展，进而也就实现了经济的可持续发展。

(4) 实施环境会计是陕西省实现小康社会奋斗目标的新要求

随着我国社会经济的快速发展以及物质文明程度的提高，西部生态环境日益恶化，西部经济所依赖的资源基础和生态环境已经进入"向未来借债而生活"的时代。面对如此的困境，我国已经颁布了各项法规来保护西部的自然资源和改善西部的环境。但是要从根本上来解决西部环境污染，扭转生态恶化趋势，必须改变过去传统的国民经济的核算体系，采用"绿色GDP"指标，充分考虑经济发展对自然资源的消耗以及环境成本的计量。陕西省处于"承东启西"的战略地位，应首要做好环境会计的实施工作，因此为了对自然资源和环境状况进行反映，要求陕西省企业构建可持续发展的环境会计体系。

一是关于人们意识方面：陕西省近几年积极开展各类活动，如组织环保志愿者进社区，宣传倡导居民进行绿色消费。关于白色污染已经成为一个突出的环境问题。我国目前除西藏无泡沫塑料生产外，其他的省份都有生产泡沫塑料的企业。我国每年产生的塑料垃圾保守估计也有 500 万吨。据相关部门的粗略统计，仅西安市年消耗各类购物袋就达 10 亿多个。2006 年 3 月，由陕西省环保局和省妇联组织的"倡导绿色消费，拒绝白色污染"系列活动呼吁市民减少使用塑料袋。这些都会对企业实施环境会计有很大的促进作用，通过对环境会计要素的确认、计量、记录和报告，来反映企业活动对环境的影响，也就是将环境因素纳入财务报告体系，评价企业的环境绩效，督促企业生产经营朝绿色经营方向发展。

二是对于企业来说，现行会计制度中仅在企业"管理费用"科目中设置了"排污费"和"绿化费"项目，但是并没有充分考虑那种无规划开发给我省自然环境造成的污染，也没有考虑无规划的开发给社会带来的危害及需要付出的沉重代价。所以关于治理环境污染所发生的费用，应作为陕西省国民生产总值的扣除项，这样环境污染所造成的破坏损失及环保收益才能得到充分的反映。因此，通过建立环境会计可以使我们从宏观上增强全省人民的忧患意识，正确衡量陕西省国民生产总值；从微观上强化环境成本考核，注重环保的内外效益。环境会计通过核算陕西省企业的社会资源成本，能较准确地反映陕西省国民生产总值和企业生产成本，促进企业挖掘内部潜力，维护社会资源环境。

综上所述，环境会计的实施正是陕西人民实现全面建设小康社会奋斗目标的新要求。

4.2.3 陕西省环境会计实施的现状

陕西省企业环境信息披露不足。陕西的环保与其他工业化国家和先进地区相比，是带有压缩型或者说叠加型的（压缩型的含义是国际上工业化过程从初级阶段到中级阶段在欧洲大概用了 100 多年时间。而我们只用了二三十年时间，发展比较快，形成的问题比较集中和突出，形成的问题比较复杂，且还有压缩型特征。叠加型是指现在形成的环境问题既有工业方面的，城市方面的，又有农村方面的；既有生产领域的，还有生活领域、消费领域的，相互叠加，相互作用，成分十分复杂，解决起来难度很大[70]）。虽然陕西省在积极地转变经济发展方式，寻求经济的可持续发展，但陕西省不少企业面对追求经济效益与社会要求的可持续发展之间的矛盾时，受急功近利思想的影响，大多数企业不会愿意主动去牺牲自身经济利益去实现整个社会的可持续发展。由于企业环境责任的道德理念尚未真正形成，在缺少对公开披露的环境信息的鉴证下，企业倾向于放弃对环境信息的披露。

（1）陕西省的环境会计信息披露主要以上市公司为主。通过对陕西省上市公司 2008—2010 年财务报告、董事会报告和社会责任报告等的手动自行依次查询，统计出上市公司对于环境会计披露的状况，如表 4—13：

表 4—13 陕西省上市公司环境会计信息披露情况统计表

项目		2008 年	2009 年	2010 年
披露环境会计信息	公司数	11	14	27
	比例	39.3%	48.3%	79%
未披露环境会计信息	公司数	17	15	7
	比例	60.7%	51.7%	21%

资料来源：查询中国巨潮资讯网而整理统计结果，也是研究前期的研究成果。

从 2008 年与 2009 年的陕西省上市公司披露环境会计信息的公司比例来看，从 39.3% 上升到 48.3%，整体披露的比例上升了 9 个百分点，从 2009-2010 年的陕西省上市公司披露情况来看，披露比例不足，但是 2009 年与 2010 年相比，披露环境会计信息的比例突然上升了将近 31 个百分点（79%−48.3%=30.7%）。究其原因，在于 2009 年 12 月哥本哈根会议的召开，使得我国更加推进了低碳经济的步伐，上市公司在低碳经济影响下，会考虑增强投资者的信心和树立良好的形象，也会在低碳经济的促进下使更多的公司参与到自愿披露环境会计信息的行列中来。不过，目前陕西省上市公司依然存在披露定性财务信息较多的情况。这需要进一步加强对上市公司环境会计信息披露的监管，有助于企业和社会的可持续发展。

（2）陕西省非上市公司对于环境会计的披露状况

调查问卷主要考察企业环境会计信息披露内容中的财务信息与非财务信息。通过分析回收的调查问卷，可以看出非上市公司环境会计信息披露内容的整体状况，如表 4—14 所示。（此处的"披露"之意指对外披露或者对内披露意思均可。）

表 4—14 企业环境会计信息披露内容整体统计表

年份	2008 年		2009 年		2010 年	
	公司数	比例	公司数	比例	公司数	比例
披露环境会计信息	34	50.7%	39	58.2%	48	71.6%
未披露环境会计信息	33	49.3%	28	41.8%	19	28.4%
合计	67	100%	67	100%	67	100%

从上面披露的环境会计信息内容的整体状况来看，有逐年增加的趋势。虽然它们没有对外进行公布，但是由于它们大多数都属于国家规定的重污染企业，所以即便在相关报告或者文件中披露的内容也是相对较多的。环境会计信息披露内容的比例从 2008 年的 50.7%，上升到 2010 年的 71.6%，这不得不说低碳经济在其中起了很大的促进作用。但是，整体的环境会计信息依然列示不足，虽然它们都属于国家规定的重污染企业，但是由丁它们都不属丁上市公司，也不需要强制性对外披露，它们的一些数据会在环保部门进行汇报，但是对外却不公开披露，这样使得这些企业环境会计信息披露不足，所以还需要进一步完善披露机制。

陕西在工业发展中很多大项目以煤炭为主要能源，环境披露集中于重污染行业，同时我省在环境会计发挥体系方面不够健全，环境信息系统不够完整，导致陕西省企业缺乏对环境会计信息披露的动力。即便披露环境会计信息，也仅仅是一些定性的描述与历史性信息的说明上，缺少定量性和实质性的信息内容。

4.3 陕西省上市公司环境会计信息披露的实证研究

4.3.1 陕西省上市公司的基本情况

通过巨潮资讯网和国泰安数据库的查询，截至 2010 年 12 月 31 日，陕西省的上市公司有 34 家。陕西省整体上市公司数量不多，为了研究需要选择了 2008 年～2010 年三年的样本，通过逐项查询得到了陕西省上市公司的基本情况，如公司代码、公司名称和所属行业，具体如表 4—15 所示。

表 4—15　陕西省上市公司行业统计表

序号	代码	名称	行业	序号	代码	名称	行业
1	000516	开元控股	零售业	18	600185	格力地产	房地产开发与经营业
2	000561	烽火电子	通信及相关设备制造业	19	600217	*ST 秦岭	非金属矿物制造业
3	000563	陕国投 A	金融信托业	20	600248	延长化建	土木工程建筑业
4	000564	西安民生	零售业	21	600302	标准股份	专用设备制造业
5	000610	西安旅游	旅游业	22	600343	航天动力	普通机械制造业
6	000697	*ST 偏转	电子元器件制造业	23	600379	宝光股份	电器机械及器材制造业

（续表）

序号	代码	名称	行业	序号	代码	名称	行业
7	000721	西安饮食	餐饮业	24	600455	*ST 博通	计算机应用服务业
8	000768	西飞国际	交通运输设备制造业	25	600456	宝钛股份	有色金属冶炼及压延加工业
9	000796	宝商集团	食品制造业	26	600706	ST 长信	通信服务业
10	000812	陕西金叶	印刷业	27	600707	彩虹股份	日用电子器具制造业
11	000837	秦川发展	普通机械制造业	28	600831	广电网络	广播电影电视业
12	002109	兴化股份	化学原料及化学制品制造业	29	600984	*ST 建机	普通机械制造业
13	002149	西部材料	有色金属冶炼及压延加工业	30	300103	达刚路机	专用设备制造业
14	002267	陕天然气	煤气生产与供应业	31	300116	坚瑞消防	其他制造业
15	300023	宝德股份	专用设备制造业	32	300114	中航电测	电子元器件制造业
16	600080	*ST 金花	医药制造业	33	601179	中国西电	电器机械及器材制造业
17	601958	金钼股份	有色金属矿采选业	34	601369	陕鼓动力	普通机械制造业

但是，需要说明的是陕西省上市公司2008—2009年的上市公司数目是不一致的，截至2008年12月31日上市的公司有28家，截至2009年12月31日上市公司有29家。其中，宝德股份是2009年10月30日上市的公司；中航电测是2010年8月27日上市的公司；中国西电是2010年1月28日上市的公司；陕鼓动力是2010年4月28日上市的公司；达刚路机和坚瑞消防分别在2010年8月12日和2010年9月2日上市；烽火电子在2011年前为*ST烽火。

4.3.2 陕西省上市公司环境会计信息披露状况统计分析

通过对陕西省全部上市公司2008—2010年财务报告、董事会报告、重要事项、招股说明书和社会责任报告等的逐项查询，统计出了陕西省上市公司环境会计信息披露的整体情况，如表4—16所示。

表 4—16 2008—2009 年陕西省上市公司披露环境会计信息的总体情况

年度	项目	披露环境会计信息	未披露环境会计信息	合计	仅披露财务信息	仅披露非财务信息	既披露财务信息又披露非财务信息
2008 年	公司数	11	17	28	1	4	6
	比例	39.3%	60.7%	100%	9%	36.4%	54.6%
2009 年	公司数	14	15	29	2	4	8
	比例	48.3%	51.7%	100%	14.3%	28.6%	57.1%
2010 年	公司数	27	7	34	5	8	14
	比例	79%	21%	100%	18.5%	29.6%	51.9%

数据来源：通过中国巨潮资讯网自行查阅公司连续三年的相关资料整理的数据。

（1）陕西省上市公司环境会计信息整体披露情况的分析

根据表 4—16 的数据，勾勒出陕西省整体披露情况，如统计图 4—5 所示。

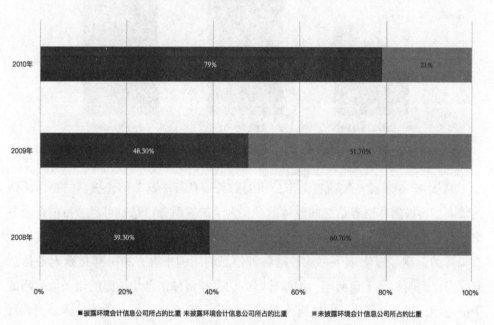

图 4—5 陕西省上市公司披露环境会计信息整体情况图

由图 4—5 我们可以看出，从 2009 年与 2008 年的陕西省上市公司披露环境会计信息的公司比例来看，有逐年上升的趋势。究其原因，2009 年 12 月哥本哈根会议的召开，促使我国加快推进低碳经济，也会导致更多的企业参与到自愿性披露环境会计信息的行列中来。

（2）陕西省上市公司环境会计信息披露范围的分析

在前面研究中提到，上市公司目前披露的范围主要集中于两个方面，一个是财务信息，另外一个是非财务信息。陕西省上市公司披露环境会计信息范围的整体情况如图4—6所示。

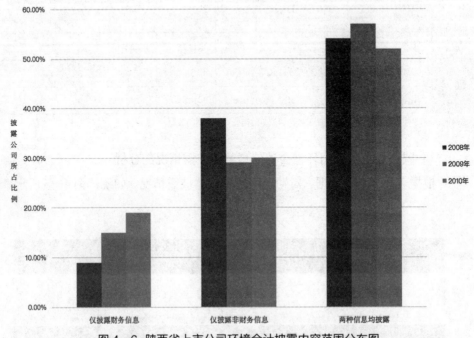

图4—6　陕西省上市公司环境会计披露内容范围分布图

从图4—6来看，陕西省上市公司的财务信息与非财务信息披露的整体比例比较高，而披露非财务信息的整体范围又大于披露财务信息，可见，目前企业考虑到公司安全性和形象问题，愿意更多的披露非财务信息。而2010年在我国大力倡导的低碳经济影响下，从披露各种信息的比例来看，2010年披露财务信息的公司比例明显高于前两年，披露非财务信息和两种信息均披露的比例似乎略低于前两年，但是从图4-6的披露绝对数上来看，2010年在每一项的披露公司数目上都大大超过了前两年，这也能充分地体现低碳经济对公司的影响和渗透。

（1）陕西省上市公司环境会计信息披露内容统计分析

纵观全国上市公司的环境会计信息披露的内容，可以发现主要分为两大类：一类是财务信息，如环保投资、环保拨款、补贴和税收减免、排污费、资源费或资源税、绿化费和环保借款、诉讼、赔偿、赔款及奖励等；另一类是非财务信息，如三废收支与节能减排情况、ISO环境认证、企业环境治理及改善状况、企业已通过的环境保护措施和方案、一个会计期间耗费的自然资源、国家地方环保政策影响和环保奖励或惩罚等。

通过对陕西省上市公司 2008 年、2009 年和 2010 年连续三年的年报及相关资料依次查询搜集数据，最终根据陕西省上市公司整体披露的情况，选定了披露财务信息的主要内容包括了环保借款、环保拨款与补贴等、环保投资、绿化费、排污费、资源费和资源补偿费及资源税等 6 项内容；非财务信息的主要内容确定为：三废及节能减排情况、ISO 等环境认证、企业已通过环境保护措施和方案、环保奖励或惩罚和国家地方环保政策的影响等 5 项内容。三年整体披露内容比较如图 4—7 所示。

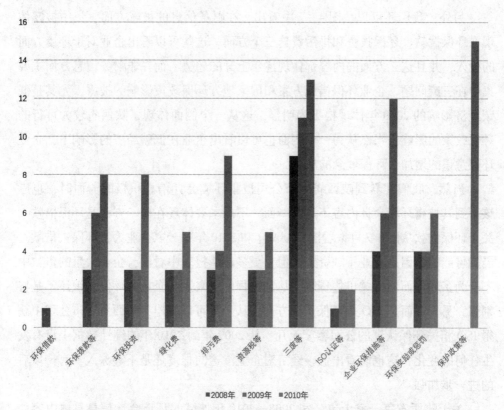

图 4—7 2008—2010 年陕西省上市公司环境会计信息披露内容比较

我国的上市公司环境会计信息披露形式主要是实行自愿性披露方式，国家只对重污染的企业实行了强制性披露，但是力度还不够强硬。这会导致不同的企业可能出于不同的目的进行环境会计信息的披露，如有些企业迫于国家压力披露环境会计信息，有些企业为了声誉等来主动披露环境会计信息。从陕西省上市公司乃至全国上市公司目前环境会计信息披露的内容来看，主要集中于披露与环境相关的定量信息与定性信息。定量信息主要包括绿化费、排污费、资源税、资源补偿费等内容；定性信息包括节能减排情况、ISO 等环境相关认证、环保奖励或惩罚等内容。

从图 4—7 我们可以大体看出，2010 年陕西省上市公司几乎在每个披露内容公司数目上均高于前两年，尤其在国家及地方政策影响方面前两年几乎没有体现，而 2010 年每家公司都受到国家提倡的低碳经济的理念和号召的影响，较为充分地披露环境会计信息，在利用资源的同时，也披露了企业对资源的影响情况，以及披露了公司对环境治理方面的投入情况。

另外，我们还可以从图 4—7 中看出，在财务信息的披露方面，集中披露体现在环保拨款、环保投资和排污费这三个方面，这些可以看出企业对于环境方面的投入，并且这三方面的内容都体现逐年上升的趋势。而在非财务信息方面主要集中在三废问题、企业环保措施方案和国家地方环保政策影响的披露，尤其是低碳经济影响的 2010 年体现得更为明显，这从一个侧面体现了陕西省较为可行的环保政策的影响，当然从另一个侧面也可以看出企业在低碳经济的影响下，企业环保意识的增加，环保理念的加强。

当然，我们在看到陕西省上市公司披露环境会计信息积极的一面时，也应该看到其披露环境会计内容不足的一面。不足主要体现在：一方面是环保借款，关于环保借款从图 4-7 可以看出，2009 年和 2010 年每一家企业为了环保去借款，当然可能的原因是企业不缺资金，但是更多地从报表中看出，企业大量的借款中不会为了环保而向相关机构贷款，从某种程度上来说，企业的环保意识还不是特别强。另一方面是 ISO 等环保认证方面，从上图可以看出，陕西省上市公司中获得 ISO 相关环保认证的公司寥寥无几，从 2009 年到 2010 年的统计数据上没有发生任何的变化，这也能看出低碳经济对企业渗透的程度还是不够深入，有待以后的进一步加强。

关于陕西省每一家上市公司 2008—2010 年披露的环境会计信息具体内容如表 4—17 所示，这样有助于了解各个公司披露具体内容的情况。

从表 4—17 中可以看出，2008—2010 年三年间，陕西省上市公司披露数量几乎是逐年上升，但是在 2010 年低碳经济的影响下，陕西省上市公司的整体披露状况还算良好，其中披露条目数在 3 条以上的公司有 12 家。我们以 2010 年披露条目在 3 条以上的上市公司为例来总结其变化趋势。具体统计结果如下：

表 4—17 2008～2010 年陕西省上市公司环境会计信息披露具体内容统计表

公司名称及年份（年）		环保借款	环保拨款与补贴等	环保投资	绿化费	排污费	资源费、资源补偿费或资源税等	三废及节能减排情况	ISO等环境认证	企业已通过环境保护措施和方案	环保奖励或惩罚	国家地方环保政策影响
*ST 秦岭	2008	√	√	×	×	√	√	×	×	√	√	×
	2009	×	√	×	×	×	√	√	×	√	√	×
	2010	×	√	√	×	×	√	√	×	√	√	√
宝钛股份	2008	×	×	×	×	×	√	√	×	√	√	×
	2009	×	×	×	×	×	√	√	×	√	√	×
	2010	×	×	×	×	×	√	√	×	√	√	×
金钼股份	2008	×	×	×	×	×	√	√	×	√	√	×
	2009	×	√	×	×	×	√	√	×	√	√	×
	2010	×	√	×	×	√	√	√	×	√	√	√
西飞国际	2008	×	×	√	√	×	×	√	×	√	√	×
	2009	×	×	√	√	√	√	√	×	√	×	×
	2010	×	×	√	√	√	×	√	×	√	√	√
标准股份	2008	×	×	×	×	×	√	√	×	×	×	×
	2009	×	×	×	×	√	√	√	×	√	×	×
	2010	×	√	×	×	√	√	√	×	√	×	×
彩虹股份	2008	×	×	×	×	×	√	√	×	√	×	×
	2009	×	√	×	×	×	√	√	×	√	√	×
	2010	×	×	×	×	×	√	√	×	√	√	√
宝光股份	2008	×	√	×	√	×	√	√	×	√	×	×
	2009	×	√	×	×	√	√	√	×	√	×	×
	2010	×	√	×	√	×	×	×	×	×	×	√

（续表）

公司名称及年份（年）		环保借款	环保拨款与补贴等	环保投资	绿化费	排污费	资源费、资源补偿费或资源税等	三废及节能减排情况	ISO等环境认证	企业已通过环境保护措施和方案	环保奖励或惩罚	国家地方环保政策影响
兴化股份	2008	×	×	√	×	√	√	√	×	×	×	×
	2009	×	×	√	×	√	√	√	×	√	×	×
	2010	×	×	√	×	√	√	√	×	√	×	√
陕西金叶	2008	×	×	×	×	×	×	√	×	×	×	×
	2009	×	×	×	×	×	×	√	×	×	×	×
	2010	×	√	×	×	×	×	√	×	×	×	×
*ST 金花	2008	×	×	×	×	×	×	√	×	×	×	×
	2009	×	×	×	×	×	×	√	×	×	×	×
	2010	×	×	×	×	×	×	√	×	×	×	√
*ST 博通	2008	×	×	×	×	×	×	√	×	×	×	×
	2009	×	√	×	×	×	×	√	×	×	×	×
	2010	×	√	×	×	×	√	√	×	×	×	×
西部材料	2008	×	×	×	×	×	×	×	×	×	×	×
	2009	×	√	×	×	×	×	√	×	×	×	×
	2010	×	√	√	×	×	×	√	×	×	×	×
西安饮食	2008	×	×	×	×	×	×	×	×	×	×	×
	2009	×	×	×	×	×	×	√	×	√	×	×
	2010	×	×	×	×	×	×	√	×	×	×	√
开元控股	2008	×	×	×	×	×	×	×	×	×	×	×
	2009	×	×	×	×	×	×	×	×	×	×	×
	2010	×	×	×	×	×	×	×	×	√	×	√

公司名称及年份（年）		环保借款	环保拨款与补贴等	环保投资	绿化费	排污费	资源费、资源补偿费或资源税等	三废及节能减排情况	ISO等环境认证	企业已通过环境保护措施和方案	环保奖励或惩罚	国家地方环保政策影响
延长化建	2008	×	×	×	×	×	×	×	×	×	×	×
	2009	×	×	×	×	×	×	×	×	×	×	×
	2010	×	×	×	×	√	×	√	×	×	×	×
*ST 偏转	2008	×	×	×	×	×	×	×	×	×	×	×
	2009	×	×	×	×	×	×	×	×	×	×	×
	2010	×	×	×	×	×	√	×	×	×	×	×
格力地产	2008	×	×	×	×	×	×	×	×	×	×	×
	2009	×	×	×	×	×	×	×	×	×	×	×
	2010	×	×	×	√	×	×	×	×	×	×	×
烽火电子	2008	×	×	×	×	×	×	×	×	×	×	×
	2009	×	×	×	×	×	×	×	×	×	×	×
	2010	×	×	×	×	×	×	×	×	√	×	×
陕国投 A	2008	×	×	×	×	×	×	×	×	×	×	×
	2009	×	×	×	×	×	×	×	×	×	×	×
	2010	×	×	×	×	×	×	×	×	√	×	×
西安民生	2008	×	×	×	×	×	×	×	×	×	×	×
	2009	×	×	×	×	×	×	×	×	×	×	×
	2010	×	×	×	×	×	×	×	×	√	×	×
西安旅游	2008	×	×	×	×	×	×	×	×	×	×	×
	2009	×	×	×	×	×	×	×	×	×	×	×
	2010	×	×	×	×	×	×	×	×	√	×	√

(续表)

公司名称及年份（年）		环保借款	环保拨款与补贴等	环保投资	绿化费	排污费	资源费、资源补偿费或资源税等	三废及节能减排情况	ISO等环境认证	企业已通过环境保护措施和方案	环保奖励或惩罚	国家地方环保政策影响
秦川发展	2008	×	×	×	×	×	×	×	×	×	×	×
	2009	×	×	×	×	×	×	×	×	×	×	×
	2010	×	×	×	×	√	×	×	×	×	×	×
中国西电	2008	×	×	×	×	×	×	×	×	×	×	×
	2009	×	×	×	×	×	×	×	×	×	×	×
	2010	×	×	×	×	√	×	×	×	×	×	√
陕鼓动力	2008	×	×	×	×	×	×	×	×	×	×	×
	2009	×	×	×	×	×	×	×	×	×	×	×
	2010	×	√	×	×	×	×	×	×	×	√	√
达刚路机	2008	×	×	×	×	×	×	×	×	×	×	×
	2009	×	×	×	×	×	×	×	×	×	×	×
	2010	×	×	×	×	×	×	√	×	×	×	×
中航电测	2008	×	×	×	×	×	×	×	×	×	×	×
	2009	×	×	×	×	×	×	×	×	×	×	×
	2010	×	×	×	√	×	×	×	×	×	×	×
坚瑞消防	2008	×	×	×	×	×	×	×	×	×	×	×
	2009	×	×	×	×	×	×	×	×	×	×	×
	2010	×	×	√	×	×	×	×	×	×	×	√

注：中国西电上市时间为2010年1月28日，陕鼓动力上市时间为2010年4月28日，达刚路机上市时间为2010年8月12日，中航电测上市时间为2010年8月27日，坚瑞消防上市时间为2010年9月2日，由于这些公司上市时间均在2009年后，因此，它们基本没有2008年和2009年报表的披露。

表 4—18 12 家陕西省上市公司披露内容统计

公司名称	2008 年	2009 年	2010 年	公司名称	2008 年	2009 年	2010 年
*ST 秦岭	6	4	7	宝光股份	2	3	3
宝钛股份	4	4	6	兴化股份	4	5	6
金钼股份	6	7	9	西部材料	0	2	3
西飞国际	5	5	8	西安饮食	0	2	3
标准股份	3	3	5	开元控股	0	1	3
彩虹股份	1	3	5	陕鼓动力	0	0	3

注: 陕鼓动力上市时间为 2010 年 4 月 28 日。

从表 4—18 可以看出，2010 年在低碳经济影响下环境会计信息披露内容突出的有 *ST 秦岭、宝钛股份、金钼股份、西飞国际和兴化股份 5 家公司，这些公司均披露了 6 条以上的项目，披露内容占总披露内容的 42.9% (36/84) 以上，并且都对排污费、企业已通过环境保护措施和方案、国家地方环保政策影响等方面进行了相应披露，充分表现了这些公司对于环境会计相关披露内容的高度重视。但是，还有一些在环境信息披露内容方面表现比较差，比如，陕西金叶、*ST 金花、*ST 博通和 *ST 建机等公司仅对十多项内容当中的一项进行了披露，对环境信息披露内容重视程度不够。另外，三年披露的信息中有些项目披露的公司数目是比较可观的，大多数公司均对三废及节能减排情况和企业已通过环境保护措施和方案项目进行了披露；而有些项目出现了几乎无公司披露的局面，比如，披露环保借款项目的公司仅有 *ST 秦岭一家，还有，在对 ISO14001 等环境认证披露方面，仅有金钼股份和标准股份两家公司通过了 ISO14001 的环境认证，这说明陕西省大多数公司还没有注意到环保借款、ISO 等环境认证、绿化费等项目的重要性。各公司应加强对环保借款项目和 ISO 等环境认证项目的充分重视，应充分利用以上两项，创造企业的隐性收益。

综上可知，陕西省上市公司信息披露的内容涉及了环保拨款与补贴、环保投资、排污费、三废与节能减排情况等方面。从大体上看，似乎披露的项目较多，但是，具体到某个项目上披露的公司数目还是不足。与国内其他地区的上市公司相比，陕西省披露定量信息的公司的比例 2009 年比 2008 年有所下降，不过在低碳经济的影响下，2010 年这个比例有所上升，但是大多数上市公司还是愿意披露定性信息，因为这样对企业的负面影响较小，这说明陕西省上市公司披露的内容还存在较大的局限性和不足。

(2) 陕西省上市公司环境会计信息披露方式统计分析

针对环境会计信息披露方式至今没有统一的标准，但综观全国上市公司环境会计信息披露方式来看，主要有7种方式[71, 72]：财务报告及附注、董事会报告、重要事项、招股说明书、单独的环境报告、企业内部会议记录、企业管理层的讨论和分析。关于陕西省上市公司环境会计信息披露方式的选择，研究主要集中于财务报告及附注、董事会报告、重要事项、招股说明书、单独环境报告和社会责任报告这六种方式的统计。其中通过逐个查阅陕西省上市公司2008—2010三年的年报及相关资料，可以统计出这六种方式的披露情况，具体见表4—19。

表4—19 陕西省上市公司披露方式整体公司数统计

方式 年份	财务报告 及附注	董事会 报告	重要事项	招股 说明书	单独 环境报告	社会责任报 告
2008	6	4	2	6	0	2
2009	9	8	1	6	0	3
2010	20	11	3	6	0	5

资料来源：根据上市公司2008—2010年年报手工搜集资料和整理完成。

从上面的披露方式统计表4—19可以看出，陕西省上市公司没有一家在单独的环境报告中进行披露，这可能与我国上市公司整体的情况是一致的。另外，从2008年到2010年整体披露方式来看，大多数的公司都选择在财务报告及附注中进行披露，其中2008年到2010年选择在财务报告及附注中披露的公司比例分别为30%、33.3%、44.4%；同时也有不少的公司选择在董事会报告中进行披露，即选择董事会报告方式进行披露公司的比例分别为20%、29.6%、24.4%；此外，从2008年到2010年，选择在社会责任报告中进行披露的公司逐年增多，从2008年的2家公司，到2009年的3家公司，增加到2010年的5家公司。从上述的整体披露数据来看，从2008年到2010年在每种披露方式上的公司数及比例基本呈逐年上升的趋势。这无不说明低碳经济在2010年对企业的影响，正是在低碳经济的浪潮影响下，很多企业改变了高能耗的生产方式，改变了传统的粗放型的生产模式，逐步转变为节约型的生产模式，可见，陕西省上市公司受到国家及地方环保政策影响较大，因而力求在多种方式中披露环境会计信息。其中有些企业还选择在重要事项和招股说明书中进行披露，但是披露方式的侧重点还是有些过于集中，有必要在以后的披露中做出改善。

关于陕西省上市公司披露方式的具体统计数据如表4—20所示，通过这些具体的统计数据可以了解到，目前陕西省上市公司具体每家公司受到低碳经济影响的变化程度。

从表4—20可以看出，在2010年低碳经济影响下，除了*ST金花、开元控股、西安饮食、陕国投A、西安民生、西安旅游和达刚路机7家公司外，其他公司均在财务报告及附注中对环境会计信息有所披露；金钼股份、西飞国际、标准股份、彩虹股份、兴化股份、*ST金花、西部材料、西安饮食、西安旅游、中国西电、陕鼓动力和达刚路机12家公司均在董事会报告中对相关的环境会计信息进行了一定程度的披露；而在重要事项中，仅西飞国际、西安饮食和开元控股3家公司进行了相关环境会计信息的披露；在社会责任报告中，仅宝钛股份、金钼股份和西飞国际3家公司对相关环境会计信息有所披露；当然，在单独环境报告中的披露公司更是寥寥无几；*ST秦岭、金钼股份、西飞国际和标准股份4家公司也在招股说明书中披露了相关环境会计信息。

综上可知，陕西省上市公司的环境会计信息披露的方式主要集中于财务报告及附注、董事会报告、重要事项和招股说明书。而其他区域性上市公司如宝钛股份和西飞国际等公司在社会责任报告中再次提到了环境会计信息的内容。虽然其他上市公司有的也提到了环保的内容，但是都不够具体，只做了宏观的描述和披露了企业的积极参与等内容。而至于有单独环境报告且在此进行披露的公司更是寥寥无几。通过依次查阅陕西省每家上市公司的资料，可以发现有些上市公司有社会责任报告，但没有提到关于环境信息的有价值的内容。从披露方式的选择上可以看出，陕西省上市公司环境会计信息披露方式是较为单一的。

表4—20 2008～2010年陕西省上市公司环境会计信息披露的方式统计

公司名称	财务报告及附注			董事会报告			重要事项			招股说明书	单独环境报告	社会责任报告		
	2008年	2009年	2010年	2008年	2009年	2010年	2008年	2009年	2010年			2008年	2009年	2010年
*ST秦岭	√	√	√	×	×	×	×	×	×	√	×	×	×	×
宝钛股份	×	√	√	√	√	√	×	×	×	×	×	√	√	√
金钼股份	√	√	√	√	√	√	×	×	×	√	×	×	×	√
西飞国际	×	√	√	√	√	√	√	√	√	√	×	√	√	√
标准股份	√	√	√	×	√	√	×	×	×	√	×	×	×	×
彩虹股份	×	√	√	×	×	×	×	×	×	×	×	×	×	×
宝光股份	√	√	√	×	×	×	×	×	×	×	×	×	×	×
兴化股份	√	√	√	×	√	×	×	×	×	√	×	×	×	×
陕西金叶	×	√	√	√	√	√	√	×	√	√	√	×	×	×
*ST金花	×	×	×	×	×	×	×	×	×	×	×	×	×	×
*ST博通	√	√	√	×	√	√	×	×	×	×	×	×	×	×
西部材料	×	×	×	×	√	×	×	×	√	×	×	×	×	×
西安饮食	×	×	×	×	√	×	×	×	√	×	×	×	×	×
开元控股	×	×	√	×	×	×	×	×	×	×	×	×	√	×
延长化建	×	×	×	×	×	×	×	×	×	×	×	×	×	×

公司名称	财务报告及附注			董事会报告			重要事项			招股说明书	单独环境报告	社会责任报告		
	2008年	2009年	2010年	2008年	2009年	2010年	2008年	2009年	2010年			2008年	2009年	2010年
*ST偏转	×	×	√	×	×	×	×	×	×	×	×	×	×	×
格力地产	×	×	√	×	×	×	×	×	×	×	×	×	×	×
烽火电子	×	×	√	×	×	×	×	×	×	×	×	×	×	×
陕国投A	×	×	×	×	×	×	×	×	×	×	×	×	×	√
西安民生	×	×	×	×	×	×	×	×	×	×	×	×	×	√
西安旅游	×	×	√	×	×	√	×	×	×	×	×	×	×	×
秦川发展	×	×	√	×	×	×	×	×	×	×	×	×	×	×
中国西电	×	×	√	×	×	√	×	×	×	×	×	×	×	×
陕鼓动力	×	×	×	×	×	√	×	×	×	×	×	×	×	×
达刚路机	×	×	√	×	×	√	×	×	×	×	×	×	×	×
中航电测	×	×	√	×	×	×	×	×	×	×	×	×	×	×
坚瑞消防	×	×	√	×	×	×	×	×	×	×	×	×	×	×

4.3.3 实证研究的设计

(1) 研究样本的选择与确定

截至 2009 年 12 月 31 日，陕西省的上市公司共 30 家，截至 2010 年 12 月 31 日，陕西省的上市公司有 34 家。为了研究具有一定的连续性，从而选取 2008—2010 年的全部数据进行研究，其中因宝德股份是 2009 年 10 月 30 日上市，因而 2008 年至 2009 年选择了 28 家公司的 56 个样本数据。而低碳经济影响下的 2010 年，陕西省上市的公司共 34 家，均作为最终的研究样本。研究涉及的财务指标数据主要来源于国泰安数据库《CSMAR〈2011 版〉》。而由于环境会计信息不是年报中强制性披露的信息，本研究只能从 2008—2009 年上市公司的连续 3 年的年报中自行查阅搜集相关信息。即从 2008—2009 年的 56 份年报和 2010 年的 34 份年报中逐个搜集环境会计信息，并按照披露的方式和内容分别进行统计。披露信息的年报、招股说明书、社会责任报告及董事会报告等主要通过巨潮资讯网和中国证券网进行查询。34 家公司的具体代码及所属行业如表 4—21 所示。

表 4—21 研究所含的样本公司

序号	代码	名称	行业	序号	代码	名称	行业
1	000516	开元控股	零售业	18	600185	格力地产	房地产开发与经营业
2	000561	烽火电子	通信及相关设备制造业	19	600217	*ST 秦岭	非金属矿物制造业
3	000563	陕国投 A	金融信托业	20	600248	延长化建	土木工程建筑业
4	000564	西安民生	零售业	21	600302	标准股份	专用设备制造业
5	000610	西安旅游	旅游业	22	600343	航天动力	普通机械制造业
6	000697	*ST 偏转	电子元器件制造业	23	600379	宝光股份	电器机械及器材制造业
7	000721	西安饮食	餐饮业	24	600455	*ST 博通	计算机应用服务业
8	000768	西飞国际	交通运输设备制造业	25	600456	宝钛股份	有色金属冶炼及压延加工业
9	000796	宝商集团	食品制造业	26	600706	ST 长信	通信服务业
10	000812	陕西金叶	印刷业	27	600707	彩虹股份	日用电子器具制造业
11	000837	秦川发展	普通机械制造业	28	600831	广电网络	广播电影电视业
12	002109	兴化股份	化学原料及化学制品制造业	29	600984	*ST 建机	普通机械制造业
13	002149	西部材料	有色金属冶炼及压延加工业	30	300103	达刚路机	专用设备制造业
14	002267	陕天然气	煤气生产与供应业	31	300116	坚瑞消防	其他制造业
15	300023	宝德股份	专用设备制造业	32	300114	中航电测	电子元器件制造业

序号	代码	名称	行业	序号	代码	名称	行业
16	600080	*ST 金花	医药制造业	33	601179	中国西电	电器机械及器材制造业
17	601958	金钼股份	有色金属矿采选业	34	601369	陕鼓动力	普通机械制造业

注：以上是到 2010 年 6 月 30 日止陕西省上市公司的总数目，其中：宝德股份是 2009 年 10 月 30 日上市的公司；中航电测是 2010 年 8 月 27 日上市的公司；中国西电是 2010 年 1 月 28 日上市的公司；陕鼓动力是 2010 年 4 月 28 日上市的公司；达刚路机和坚瑞消防分别在 2010 年 8 月 12 日和 2010 年 9 月 2 日上市；烽火电子在 2011 年前为 *ST 烽火。

（2）研究假设的提出

本研究在结合前人研究成果的基础上，结合了陕西省的地域性特点，分析了陕西省上市公司行业所属的类别，通过查询上市公司的所属行业，可以发现其中有部分为国家规定的重污染行业，其他不是重污染企业，但是它们中有些也自愿披露了环境会计信息。本研究试图从内部影响效应域和外部影响效应域两方面对陕西省上市公司的环境信息披露程度进行研究。在研究之前首先根据需要提出相应的假设。

1）从企业的内部影响效应来看，内部影响效应域中包括的内容有很多，如企业的盈利能力、偿债能力、现金实力、成长能力、企业规模以及企业价值等。本研究中加入了新的能力影响域，即现金实力影响域，前人在研究中基本忽略了企业的现金实力指标。关于内部影响效应域与因变量的关系的假设如下：

① H1：企业盈利能力与环境会计信息披露关系为正相关。

② H2：企业偿债能力与环境会计信息披露关系为正相关。

③ H3：企业现金实力与环境会计信息披露关系为正相关。

④ H4：企业成长能力与环境会计信息披露关系为正相关。

⑤ H5：企业规模与环境会计信息披露关系为正相关。

⑥ H6：企业价值与环境会计信息披露关系为正相关。

2）从企业外部影响效应来看，外部影响效应域的内容有很多，但是由于陕西省上市公司中重污染企业不是很多，故选择了两个外部影响域内容。一个是独立董事所占的比例，另一个是流通股所占总股本的比例。从以上两方面来分析对陕西省上市公司环境会计信息披露程度的影响。

① H7：独立董事所占比例与公司环境会计信息披露程度为正相关。

② H8：流通股所占总股本的比例与环境会计信息披露的关系为正相关。

(3) 研究指标的初选与筛选

1) 因变量的选择与确定

本研究选取了前人常用的环境会计信息披露指数 (Environmental Disclosure Index, 简称 EDI), 即以环境会计信息披露指数为因变量。到目前为止, 对于环境会计信息披露指数的定量主要是两种方法: 一种是通过披露的条目数赋分的特点来给因变量赋值; 另一种是通过是否披露环境会计信息来给因变量赋值, 通常的赋值为 0 或者 1, 但是如果用 0 或者 1 来赋值的话, 研究结果的准确性会大打折扣, 因此, 本研究主要采用的是第一种即根据环境会计信息披露的条目数给其赋分, 如同大多数国外的学者一样 (如 Cooke[73]) 采用直接汇总的方法, 即每条目得分与总得分之比作为因变量, 而没有采用为每个条目赋权重的方法, 主要因为其主观性太强。本研究所采用的环境会计信息披露指数计算公式为: 环境会计信息披露指数 (EDI) = 实际披露条目得分 ÷ 完全披露条目得分 (或理想得分)。

而这里需要注意的是条目得分的来源。通过上市公司行业所属, 发现 28 家陕西省上市公司中有 20 家都不是国家规定的重污染企业, 因此在选择条目上考虑了重要性原则和针对性原则, 从而确定需要搜集的陕西省上市公司环境会计信息披露条目的内容为: 环境保护借款、环境保护拨款、环境保护的相关补贴和税收减免、环境保护的投资 (如环保设备投资)、企业相关的绿化费、生产过程中的排污费、耗费的自然资源费、自然资源补偿费或资源税、企业的三废收支与节能减排、ISO14001 等环境相关认证、企业已通过的环保措施和方案及企业是否获得相关的环境保护的奖励或惩罚、国家地方环保政策影响 11 个方面。其中约定在这些内容的披露上, 如果有定量披露或者定性与定量相结合披露的内容均给予 2 分, 其他的只有定性披露的只给予 1 分。这些数据通过逐个查询陕西省上市公司每年的年报及附注等内容来获取信息。

表 4—22 陕西省上市公司环境会计信息披露内容

定量信息	环境保护借款	定性信息	企业的三废收支与节能减排
	环境保护拨款、环境保护的相关补贴和税收减免		ISO14001 等环境相关认证
	环境保护的投资		企业已通过的环保措施和方案
	企业相关的绿化费		企业是否获得相关的环境保护的奖励或惩罚
	生产过程中的排污费		国家地方环保政策影响
	资源费、资源补偿费或资源税		

注: ①在 2008-2009 年披露得分统计中, 由于这两年国家地方环保政策影响方面显著性不高, 因此, 实证研究中 2008—2009 年计算披露得分时未将其纳入披露统计得分范围。
②企业可能披露时定性信息与定量信息相结合。

2) 自变量的选择与确定

关于陕西省上市公司环境会计信息披露影响效应域的研究中，本研究共提出了 8 个假设，依次选择了具有代表性的 8 个变量。分别代表了企业的盈利能力、偿债能力、现金实力、成长能力、企业规模以及企业价值、独立董事所占比例和流通股所占总股本的比例等。

①盈利能力方面指标的选择：选择了国内外公认的评价盈利能力的关键指标，即净资产收益率，由于该指标是从股东视角来考察企业的盈利状况，因此净资产收益率越高，股东获得的收益就会越高。因此，根据假设预期该指标系数符号为正号。

②偿债能力方面指标的选择：选择的代表性指标为资产负债率，此指标反映了企业的长期偿债能力，选择此指标还考虑到企业追求长远发展的目标，因此在偿债能力方面没有选择短期偿债能力指标，根据假设预期该指标系数符号为正号。

③现金实力方面指标的选择：现金实力指标前人未涉及，本研究在研究中也考虑到了评价企业现金实力指标有很多，如现金净资产比、现金总资产比、现金收入比、现金净利比、现金总负债比等，为了能选择出一个具有代表性的指标，因此采用统计中的单因素方差分析方法对现金实力指标进行科学筛选。方差分析（简称 ANOVA），是一种通过分析样本数据各项差异的来源，以检验三个或者三个以上样本空间平均数是否相等或是否具有显著差异的方法[74]。具体方差分析的思路是：

首先，对数据进行无量纲化处理，也就是指标的标准化、正规化处理。这一步是运用标准化的公式：$Z_i = (X_i^-)/S$，其中 X_i 为原变量的第 i 个观测值，该变量所有观测值的平均数（Mean），S 为标准差（Std.deviation）：

$$\bar{X} = \frac{1}{n}\sum_{i=1}^{n} X_i, \qquad S = \sqrt{\frac{1}{n-1}\sum_{i=1}^{n}(X_i - \bar{X})^2}$$

数据的标准化过程通过 SPSS18.0 软件完成。

其次，对数据进行方差分析。将 2008—2010 年平均数据代入 SPSS18.0 软件，将环境会计信息披露指数定义为因变量，把我们选择的 6 个现金实力指标定义为自变量，在 SPSS18.0 中选择适当的选择项进行方差分析，方差分析结果如表4—23 所示。

表4—23 现金实力指标方差分析及方差齐性检验结果

现金实力指标	ANOVA				Test of Homogeneity of Variances	
	Between Groups	Within Groups	F	Sig.	Levene 统计量	Sig.
经营现金净流量增长率	4.622	22.378	0.300	0.976	3.588	0.019
现金净利比	17.849	9.151	2.837	0.029	1.815	0.159
现金总资产比	26.234	0.766	49.823	0.000	16.650	0.000
现金净资产比	8.993	18.008	0.726	0.700	2.578	0.061
现金流动负债比	23.504	3.496	9.780	0.000	2.184	0.099
现金收入比	7.843	19.157	0.596	0.807	1.628	0.204

如果 Sig. 小于 0.05，则说明这些指标的不同组间具有明显差异。从上表的方差分析结果可以看出 Sig. 小于 0.05 的指标有现金净利比、现金总资产比和现金流动负债比。因此，保留了这三个指标。

最后，对数据进行方差齐性检验。除了对研究总体的总体平均数的差异进行显著性检验以外，我们还需要对独立样本所属总体的总体方差的差异进行显著性检验，统计学上称为方差齐性（相等）检验。在进行均值多重组间比较时，要求各组的方差相同，所以要进行方差齐性检验。从显著性概率来看，Sig. 大于0.05，说明各组的方差在 a=0.05 水平上没有显著性差异，即方差具有齐性。从表 4-23 中方差齐性检验结果来看，其中现金净利比和现金流动负债比的显著性大于 0.05，现金净利比指标方差齐性检验结果显著性更高，因此最终确定的具有代表性的现金实力指标为现金净利比。因此，根据假设预期该指标系数符号为正号。

④成长能力方面指标的选择：反映企业成长性的指标也有很多，如总资产增长率、主营业务利润增长率、主营业务收入增长率、净利润增长率。但是评价企业的成长性主要是看企业的主营业务如何，主营业务好坏直接决定着成长性好坏，因此选择了主营业务收入增长率指标，本研究对该指标进行了修正，原有的计算公式为（本期的主营业务收入－上期的主营业务收入）÷ 上期的主营业务收入，但是在净利润下降的情况下，计算得到的增长率却为正数。实际计算中，上市公司某年的净利润既有可能是正数，也有可能是负数。当其出现负数的时候，上述增长率的计算公式就不太适用了。因此，本研究对该计算公式进行了修正，

具体修正结果见表4—24所示。因此，根据假设预期该指标系数符号为正号。

⑤企业规模方面指标的选择：通过对国内外大量参考文献的研究，可以发现目前衡量上市公司规模的常用指标有期末总资产、总市值和总销售收入。本研究考虑到上市公司大多为国有企业转变而来的，且考虑到要保证国家资产的安全与完整，所以特选择了总资产自然对数作为评价企业规模的指标。根据假设预期该指标系数符号为正号。

⑥企业价值方面指标的选择：由于上市公司为公众公司，每股净资产和每股收益这些指标是股东们普遍关注的指标，况且目前很多企业也注意到了企业价值的重要性，因此，本研究特选择了每股净资产作为评价企业价值的指标。根据假设预期该指标系数符号为正号。

⑦独立董事所占比例指标的确定：根据前面假设可以看出，独立董事所占比重在很大程度上影响着环境会计信息披露的程度，所以，根据假设预期该指标系数符号为正号。

⑧流通股所占总股本比例指标的确定：公司上市的其中之一的利益所在就是融资考虑。上市公司会为了获得更好的融资机会，树立良好的形象，必然会考虑披露更多的环境会计信息，通过采用流通股所占比例来反映社会公众股东的很多信息需求。根据假设预期该指标系数符号为正号。

（4）研究指标的确定

根据前面的假设和假设提出的原因，最终分析确定了研究所用到的自变量指标。具体指标及指标内涵解释如表4—24所示。

表4—24 研究指标及指标解释表

指标所属项目	具体指标名称	计算公式	预期符号
盈利能力	净资产收益率	净利润 / 平均净资产额	+
偿债能力	资产负债率	负债总额 / 资产总额	+
成长能力	主营业务收入平均增长率	$\sqrt[n-1]{\text{最末年的主营业务 / 最初年的主营业务收入}}$	+
现金实力	现金净利比	经营活动现金净流量 / 净利润	+
企业规模	资产的对数	Ln（资产总额）	+
企业价值	每股净资产	股东权益总额 / 普通股股数	+
独立董事比重	独立董事的比例	独立董事人数 / 董事总人数	+
流通股比重	流通股占总股本的比例	流通股 / 总股本	+

注：①报表中没有明确的普通股股数数据，因我国股票的发行价格均为每股1元，所以用报表中的股本数代替普通股股数。

②此处主营业务收入平均增长率为修正指标，因数据用到2007～2010年的数据，因此，这里 n 取4。

(5) 多元线性回归模型的构建原理

本研究的多元线性回归模型为：

$Y = \beta_0 + \beta_1 x_1 + \beta_2 x_2 + \beta_3 x_3 + \beta_4 x_4 + \beta_5 x_5 + \beta_6 x_6 + \beta_7 x_7 + \varepsilon$

其中：y = 环境会计信息披露指数；x_1 = 资产负债率；x_2 = 主营业务收入增长率；x_3 = 净资产收益率；x_4 = 每股净资产；x_5 = 资产的对数；x_6 = 独立董事比例；x_7 = 流通股占总股本的比例。

4.3.4 实证检验过程及结果分析

(1) 描述性统计分析

为了了解 2008 ~ 2010 年数据的整体特征，必须对变量进行描述性统计分析，以便比较各种财务指标在不同年份下的特征，也为后面的回归分析检验提供了标准数据准备。

1) 2008 ~ 2009 年样本数据的描述性统计分析

通过将整理后的样本数据（即 2008—2009 年综合指标数据）代入 SPSS18.0，首先对变量进行总体特征的检验，即描述性统计检验，检验结果如表 4—25 所示。

表 4—25 各指标的描述性统计结果

变量指标	N	极小值	极大值	均值	标准差	方差
环境会计信息披露指数	56	0.000	0.550	0.108	0.161	0.026
净资产收益率	54	−7.483	18.636	0.096	2.863	8.199
资产负债率	56	0.047	1.411	0.539	0.286	0.082
主营业务收入平均增长率	56	−0.732	7.732	0.252	1.253	1.570
现金净利比	56	−56.774	15.627	0.530	8.587	73.737
资产对数	56	8.120	10.231	9.163	0.413	0.171
每股净资产	56	−0.720	8.880	2.573	1.897	3.597
独立董事的比例	56	0.083	0.583	0.370	0.074	0.005
流通股所占总股本的比例	56	0.197	1.000	0.678	0.224	0.050

从表 4—25 可以看出，陕西省上市公司环境会计信息披露指数 EDI 极大值为 0.550，而极小值为 0.000，平均的披露指数仅为 0.108，这说明了陕西省上市公司环境会计信息披露的具体内容较少，与最佳披露水平还有较大差距。其中净资产收益率作为盈利能力指标，其最大值为 18.636，最小值为 −7.483，说明陕西

省上市公司之间盈利能力相差较大；主营业务收入平均增长率最大值为 7.732，最小值为 -0.732，这说明陕西省上市公司之间的主营业务的经营能力或者成长能力差距也较大，且总体增长率较低，这样跟其他区域的上市公司相比，经营总体能力不强，披露环境会计信息的程度差距也较大；作为本研究选择的现金净利比这个指标的极大值为 15.627，极小值为 -56.774，企业之间相差也较大，充分说明陕西省上市公司确实在现金实力方面相差是最大的，这可能导致在披露环境会计信息的内容上有很大差别；每股净资产指标代表了企业价值，极大值为 8.880，极小值为 -0.720，企业价值之间的差别也比较大。由于这四个指标极大值与极小值差别均较大，在很大程度上影响了陕西省上市公司环境会计信息披露的程度，也能反映出陕西省上市公司在披露环境会计信息方面的参差不齐，整体的披露程度不够。

2）2010 年样本数据的描述性统计分析（即低碳经济下的整体数据特征）

通过将整理后的 2010 年的样本数据代入 SPSS18.0，对变量进行总体特征的检验，即描述性统计检验，具体检验结果如表 4—26 所示。

表 4—26　2010 年各指标的描述性统计结果

变量	N	极小值	极大值	均值	标准差
环境会计信息披露指数	34	0.000	0.636	0.166	0.169
净资产收益率	34	-0.217	21.348	0.700	3.649
资产负债率	34	0.046	2.529	0.500	0.422
主营业务收入平均增长率	34	-0.809	10.740	0.509	1.850
现金净利比	34	-19.727	15.131	-3.287	24.007
资产的对数	34	17.426	24.004	21.310	1.298
每股净资产	34	-0.684	44.767	9.194	11.588
独立董事的比例	34	0.333	0.500	0.377	0.059
流通股占总股本的比例	34	0.100	1.000	0.683	0.314

从表 4—26 可以看出，陕西省上市公司环境会计信息披露指数的极大值为 0.636，比 2008—2009 年平均数据的检验结果的极大值 0.53 要大，这说明 2010 年在低碳经济的影响下，陕西省上市公司披露的环境会计信息量整体增加较大，这

是对陕西省上市公司环境会计信息披露值得肯定的一点，这种披露的环境会计信息量的增加，体现了企业对社会责任的承担，也有助于陕西省环境会计的实施，在一定程度上促进了陕西省经济的腾飞。但是，2010年陕西省上市公司之间在净资产收益率（即盈利能力）、主营业务收入平均增长率（即发展能力）、现金净利比（现金实力）、每股净资产（即企业价值）方面表现的差异也很大，这也说明了陕西省上市公司由于行业类别的不同，以及经营特点不同，导致它们之间在各方面的能力表现差异较大，这可能会影响后期这些指标对因变量环境会计信息披露指数的解释能力。

(2) 2008—2010年样本的检验结果分析

为了对非低碳经济影响下的环境会计信息披露与低碳经济影响下的环境会计信息披露进行比较，在研究过程中，一方面是分年作了样本的检验分析；另一方面还综合了2008—2009年的数据作了样本的检验分析，这样可以充分与2010年低碳经济影响下的样本检验结果进行可靠的对比，从而得出较为有效的结论。

1) 2008—2009年总样本的检验结果分析

将因变量环境会计信息披露指数与8个自变量代入多元线性回归模型，得到了模型判定系数和回归结果，具体如表4—27和表4—28所示。

表4—27　模型判定系数

R	R方	调整R方	标准估计的误差	杜宾值
0.636	0.405	0.299	0.838	2.076

通过表4—27可以看出，调整后的判定系数为0.299，不是很大，但有一定的显著性，也充分的说明了构建的回归模型对陕西省上市公司环境会计信息披露效应有一定的解释性，不过解释程度不是很高，这可能是由客观样本量的不足，或者变量选择上与前人存在差异导致的。杜宾值（Durbin-Watson）为2.076，它在2的附近，说明模型不存在自相关。

表 4—28 2008—2009 年总体样本回归系数

指标项目	非标准化系数		t	Sig.	共线性统计量	
	B	标准误差			容差	VIF
（常量）	−0.042	0.115	−0.370	0.713		
净资产收益率	−0.030	0.121	−0.246	0.806	0.899	1.113
资产负债率	0.257	0.182	2.311	0.037	0.507	1.974
主营业务收入平均增长率	−0.187	0.125	−1.493	0.142	0.817	1.224
现金净利比	−0.005	0.115	−0.046	0.963	0.969	1.032
资产对数	0.567	0.182	3.123	0.003	0.439	2.277
每股净资产	−0.060	0.200	−0.302	0.764	0.356	2.811
独立董事的比例	0.107	0.127	0.846	0.402	0.805	1.243
流通股所占总股本的比例	−0.225	0.151	−1.487	0.144	0.588	1.701

通过表 4—28 可以看出，8 个指标的显著性不是很高，其中只有资产负债率和资产对数是显著的，其他 6 个指标均不显著，这说明了 2008—2009 年综合样本数据即财务指标在披露环境会计信息公司和未披露环境会计信息公司之间不存在显著差异。从 2008—2009 年总体回归结果来看，根据假设预期的净资产收益率、主营业务收入平均增长率、现金净利比、每股净资产和流通股所占总股本的比例回归系数的符号均为负，从前面的描述性统计分析中可以看出这五个指标在陕西省上市公司之间存在显著性的差异，正是由于企业间的显著性差异，导致研究结果与预期的假设也存在很大的差异。另外，从容差与方差膨胀因子（VIF）的结果来看，方差膨胀因子均远远地小于 10，基本在 2 的附近，这充分说明了这些变量之间的共线性较弱，几乎不存在多重共线性的问题，即不存在信息重叠的问题。利用这些指标对陕西省上市公司环境会计信息披露指数的解释结果具有很高的可信度。

因此，为了检验假设的准确性，本研究分别对 2008 年、2009 年各单独样本数据、两年汇总后的数据进行了依次检验。

2) 2010 年样本的检验结果分析

表 4—29　模型判定系数

R	R 方	调整 R 方	标准 估计的误差	Durbin-Watson
0.786	0.543	0.367	0.913	1.795

表 4—30　2010 年样本回归系数

变量	非标准化系数		标准系数	t	Sig.	共线性统计量	
	B	标准误差	试用版			容差	VIF
（常量）	0.000	0.158		0.000	1.000		
净资产收益率	0.348	0.168	0.348	2.078	0.048	0.911	1.097
资产负债率	−0.118	0.184	−0.118	−2.691	0.047	0.756	1.323
主营业务收入平均增长率	0.094	0.165	0.094	0.569	0.574	0.937	1.067
现金净利比	0.135	0.166	0.135	0.814	0.423	0.931	1.075
资产的对数	0.430	0.181	0.430	2.377	0.025	0.781	1.280
每股净资产	0.038	0.281	0.038	0.136	0.893	0.324	3.086
独立董事的比例	−0.009	0.173	−0.009	−0.053	0.958	0.853	1.172
流通股占总股本的比例	0.137	0.284	0.137	0.481	0.635	0.317	3.159

　　从表 4—29 模型判定系数表可以看出，调整后的判定系数为 0.367，不是很大，但有一定的显著性。说明代入 2010 年低碳经济影响的数据后，回归的模型对环境信息披露的效应有一定的解释性，解释性不算很强，这可能与引入一个修正指标和一个新指标，以及样本量的不足有一定的关系。杜宾值为 1.795，在 2 的附近，说明该模型不存在自相关。此外，通过表 4—30 可以看出，8 个指标的显著性一般，其中资产负债率、净资产收益率和资产对数是显著的，其他 5 个指标均不显著，可以说明财务指标在披露环境会计信息公司和未披露环境会计信息公司之间存在一定的显著性差异，说明低碳经济对企业的影响已经渗透到对企业绩效评价指标上。但是主营业务收入平均增长率指标和现金净利比两个指标虽然不是显著影响环境会计信息披露指数，但是它们的影响也是次之的，因为它们是剩下 5 个不显著影响指标中最显著的两个，这当然也说明了低碳经济大背景下反映到财务指标上的信息越发的增多。从容忍度与方差膨胀因子的结果来看，方差膨胀因子均小于 10，况且均小于 4（远远小于 10），这说明各变量之间不存在多重共线性的问题，

即不存在信息重叠的现象,利用这些解释变量最终得出的结果可信度是比较高的。

(3) 2008 年样本数据的回归分析与检验结果解释

运用 2008 年的样本数据来构建多元线性回归模型,其中将从 2008 年年报中统计的环境会计信息披露指数作为因变量,选定的 8 个指标作为自变量,代入模型进行回归,具体回归结果如表 4—31 和表 4—32 所示。

表 4—31　模型判别系数表

R	R 方	调整 R 方	标准估计的误差	Durbin-Watson
0.652	0.426	0.184	0.904	2.102

表 4—32　2008 年样本回归系数表

变量	非标准化系数		t	Sig.	共线性统计量	
	B	标准误差			容差	VIF
(常量)	0.000	0.171	0.000	1.000		
净资产收益率	-0.005	0.206	-0.022	0.983	0.714	1.401
资产负债率	0.111	0.292	0.380	0.708	0.355	2.813
主营业务收入平均增长率	-0.212	0.202	-1.050	0.307	0.740	1.352
现金净利比	-0.059	0.195	-0.302	0.766	0.799	1.251
资产对数	0.783	0.344	2.278	0.034	0.256	3.909
每股净资产	-0.128	0.372	-0.344	0.735	0.219	4.571
独立董事的比例	0.144	0.231	0.623	0.541	0.568	1.760
流通股占总股本的比例	-0.172	0.260	-0.661	0.517	0.448	2.233

从模型判别系数表来看,调整的 R 方值只有 0.184,模型拟合不是很好,只能说有一定的解释能力。由于模型的解释程度受限,所以模型最终的回归结果中(表 4—32),显著影响环境会计信息披露的指标只有一个,即资产的对数,也就是说上市公司规模越大,披露环境会计信息的可能性越大。但是杜宾值为 2.102,其在 2 的附近,不存在模型自相关问题,也就是说模型解释力还算一般。从容差与方差膨胀因子的值看,由于 VIF 值均远远小于 10,所以模型中的指标间不存在多重共线性,也就是说指标间不存在信息重叠的问题。为了更能说明 2008 年回归结果,下面将 2008 年和 2008—2009 年的回归结果进行汇总统计分析。具体如表 4—33 所示。

表 4—33 多元回归结果比较

指标名称	2008 年样本			2008 ～ 2009 年总样本		
	Sig.	判定	符号	Sig.	判定	符号
净资产收益率	0.983		—	0.806		—
资产负债率	0.708		+	0.037	*	+
主营业务收入平均增长率	0.307		—	0.142		—
现金净利比	0.766		—	0.963		—
资产的对数	0.034	*	+	0.003	*	+
每股净资产	0.735		—	0.764		—
独立董事的比例	0.541		—	0.402		+
流通股所占总股本的比例	0.517		—	0.144		—

从表 4—33 中 2008 年与 2008—2009 年总体样本来看，8 个指标在运用到陕西省上市公司检验对环境会计信息披露程度时，检验结果显著性不高。其原因一方面可能是受到客观条件的限制，样本有些不够充足导致的；另一方面也有可能因为研究中加入新的指标和修正后的指标数据导致的。从多元回归汇总结果分析，企业的财务状况、经营成果和现金流量等对其环境信息披露有一定的影响，具体分析如下：

1）从公司内部影响效应域视角分析

在 2008 年和 2008—2009 年两年总样本的检验中，可以发现资产对数在两部分中的表现均是较为显著的，说明 2008 年数据回归后，公司规模的大小对陕西省上市公司环境会计信息披露影响是显著的。并且从 2008 年样本和 2008—2009 年总样本的回归结果还可以明显地看出，资产负债率、资产对数均对环境会计信息披露是有正向影响关系，与预期的假设相一致，研究结果支持原假设，也就是说陕西省上市公司偿债能力越强和企业规模越大，企业必然会为了维护自身在利益相关者面前的良好形象，其越有可能披露更多的环境会计信息。这一点可能与前人研究的其他区域类的研究结论一致。但是，在净资产收益率、主营业务收入平均增长率、现金净利比和每股净资产这四个指标上，分样本和综合样本回归结果均表现为对环境会计信息披露是负向影响关系，与预期假设不一致，研究结果不支持原假设。其中可能的原因是：从 2008 年样本数据的描述性统计结果来看，这几个指标在不同企业间存在着很大的差异，说明了陕西省上市公司在盈利能力、成长能力、现金实力和企业价值方面差别较大，这样导致没有得到预期的结果。其中每股净资产与环境会计信息披露反向关系的结论与张俊瑞等人[57]的实证研究结论一致。这体现了陕西上市公司与其他地区上市公司的不同之处。

2）从公司外部影响效应域视角分析

独立董事的比例在2008年样本和2008—2009年总样本中均表现为对环境会计信息的正向影响关系，研究结果支持原假设。这说明了自我国独立董事制度建立以来，确实在很大程度上起到了外部监督的作用，这一点是值得肯定和进一步坚持与完善的。流通股所占总股本的比例在2008年和2008—2009年总样本中均与环境会计信息披露程度呈负相关关系，且显著性影响不明显，这可能是因为我国整体的流通股比例较低，并且高度分散于中小投资者，没有形成有效的内部治理机制。

（4）2009年样本数据的回归分析与检验结果解释

为了与2008年和2010年作对比，本研究也运用2009年的样本数据来构建多元线性回归模型，其中将从2009年年报中统计的环境会计信息披露指数作为因变量，选定的8个指标作为自变量，代入模型进行回归，具体回归结果如表4—34和表4—35所示。

表4—34 模型判别系数

R	R方	调整R方	标准估计的误差	Durbin-Watson
0.796	0.634	0.462	0.737	2.544

从上表可以看出，模型判别系数表中调整R方为0.462，模型的拟合程度较好，也说明样本数据的解释能力较强。并且杜宾值为2.544，在2的附近，说明模型也不存在自相关的问题。

表4—35 2009年样本数据回归系数

变量	非标准化系数		t	Sig.	共线性统计量	
	B	标准误差			容差	VIF
（常量）	-0.168	0.152	-1.101	0.286		
资产负债率	0.666	0.300	1.218	0.040	0.370	2.704
净资产收益率	0.591	0.229	1.375	0.020	0.413	2.424
每股净资产	-0.091	0.241	-0.379	0.710	0.447	2.239
资产对数	0.363	0.229	1.590	0.130	0.487	2.052
独立董事的比例	0.292	0.164	1.781	0.093	0.784	1.276
主营业务收入平均增长率	-0.095	0.183	-0.518	0.611	0.606	1.651
现金净利比	0.028	0.158	0.175	0.863	0.845	1.183
流通股占总股本的比例	-0.428	0.200	-2.142	0.047	0.530	1.888

从2009年的模型回归系数表整体来看，显著性影响指标只有3个，而其中有3个指标与因变量之间是负向相关关系，剩余5个指标均与因变量之间是正向相关关系。从2009年整体回归系数表可以看出，其结果明显好于2008年。

表4—36 多元回归结果比较

指标名称	2008年样本			2009年样本			2008-2009年总样本		
	Sig.	判定	符号	Sig.	判定	符号	Sig.	判定	符号
净资产收益率	0.983		−	0.020	*	+	0.806		−
资产负债率	0.708		+	0.040	*	+	0.037	*	+
主营业务收入平均增长率	0.307		−	0.611		−	0.142		−
现金净利比	0.766		−	0.863		+	0.963		−
每股净资产	0.735		−	0.710		−	0.764		−
资产的对数	0.034	*	+	0.130		+	0.003	*	+
独立董事的比例	0.541		+	0.093		+	0.402		+
流通股所占总股本的比例	0.517		+	0.047	*	−	0.144		−

从表4—36中2009年样本与2008—2009年总体样本来看，8个指标在运用

到陕西省上市公司检验对环境会计信息披露影响程度问题上，2009年检验结果比较显著。这说明，上市公司已经逐步关注社会公众股东的需求，披露更多的环境会计信息，不过关注程度还是存在不足。在2009年的检验中，净资产收益率、资产负债率和流通股占总股本的比例对环境会计信息披露指数有显著影响，对环境会计信息的改善具有重要作用。具体情况分析如下：

1）从公司内部影响效应域视角分析

资产负债率在分样本和总样本检验中，结果均是有显著影响的，而在2009年回归结果中，净资产收益率的影响也是显著的。在2009年份样本回归结果中，净资产收益率、资产负债率、现金净利比和资产的对数均与环境会计信息披露是正相关关系，与预期的假设相一致，支持原有的假设。这个结果明显好于2008年检验结果。这充分说明了，2009年陕西省在上市公司盈利能力、偿债能力、现金实力和企业规模等有差异，但是没有2008年的差异大。况且也说明了这些指标值越大，陕西省上市公司越愿意披露更多的环境会计信息。其中需要说明的是，现金净利比这个指标，该指标虽然为新加入的指标，但是我们用数据证明了企业现金实力的强弱也明显的正向影响着环境会计信息披露程度。不过在主营业务收入平均增长率和每股净资产上依然是反向相关关系，与预期假设相反，不支持原假设，这说明企业即便在成长期间，为了维护在利益相关者前的良好形象，也会避免披露更多的环境会计信息。因为披露过多可能影响企业的成长，所以企业会考虑尽量少披露环境会计方面较为敏感的问题；另外，由于陕西省上市公司对于企业价值指标重视还是不够，导致最终企业价值的假设没有被支持。

2）从公司外部影响效应域视角分析

在2009年和总样本中独立董事的比例均表现为对环境会计信息的正向影响关系，研究结果支持原假设。这说明了独立董事比例越高，企业披露环境会计信息的可能性越大，也就是说独立董事可以有效地促进上市公司对环境会计信息的披露行为；从显著性上看，2009年独立董事在环境会计信息披露中所起的作用明显好于2008年。流通股占总股本的比例在2009年和总样本中均与环境会计信息披露程度呈负相关关系，与2008年结果保持一致。但2009年的单样本检验结果中，表现出流通股占总股本的比例显著影响环境会计信息披露，因为发行在外流通股的增加在一定程度上提高了公司的市场形象，使得企业不愿意去披露对本公司不利的信息，环境会计信息很多方面的披露都会表现出对公司不利的信息，而公司又有意愿为了提高自身市场形象尽量披露对自己有利的环境会计信息，由此说明 2009 年流通股占总股本的比例对环境会计信息的披露起到了一个显著的作用。

(5) 2010 年样本数据的回归分析与检验结果解释

为了比较 2010 年低碳经济背景下，陕西省环境会计披露程度与 2008 年和 2009 年的差异，试图证明在低碳经济影响下，陕西省上市公司披露的环境会计信息是否明显增多，且在 2010 年低碳经济下哪些财务指标对环境会计信息披露是有显著影响的。所以也将统计了的陕西省上市公司 2010 年的环境会计信息披露指数和相关整理运算的相关财务指标来构建多元线性回归模型。具体模型判别系数和模型回归系数结果如表 4—37 所示。

表 4—37 多元回归结果统计比较

指标名称	2008 年样本			2009 年样本			2008-2009 年总样本		
	Sig.	判定	符号	Sig.	判定	符号	Sig.	判定	符号
净资产收益率	0.983		—	0.020	*	+	0.806		—
资产负债率	0.708		+	0.040	*	+	0.037	*	+
主营业务收入平均增长率	0.307		—	0.611		—	0.142		—
现金净利比	0.766		—	0.863		+	0.963		—
每股净资产	0.735		—	0.710		—	0.764		—
资产的对数	0.034	*	+	0.130		+	0.003	*	+
独立董事的比例	0.541		+	0.093		+	0.402		+
流通股所占总股本的比例	0.517		—	0.047	*	—	0.144		—

从表 4—37 多元回归结果统计表来看，8 个指标在运用到 2010 年陕西省上市公司检验对环境会计信息披露程度时，检验结果与 2008 年和 2009 年相比较为显著。况且 8 个指标中，有 6 个指标（即净资产收益率、主营业务收入平均增长率、现金净利比、资产的对数、每股净资产和流通股所占总股本的比例）结果均是与环境会计信息披露指数因变量是正相关的，6 个结果均支持原有的假设。这些充分体现出了陕西省上市公司在低碳经济的影响下，盈利能力、成长能力、现金实力、公司规模、企业价值、流通股比重对企业环境会计信息披露的影响是显著的。2008 年只有 3 个指标检验结果支持原假设，2009 年只有 5 个指标检验结果支持原假设，而 2010 年有 6 个指标检验结果支持原假设。可见，陕西省上市

公司在低碳经济的影响下在各财务指标上的表现也非常突出，充分体现了财务指标对环境会计信息披露的影响。从多元回归的分析结果来看，2010年陕西省上市公司的财务状况、经营成果和现金流量等对其环境会计信息披露有较为显著的影响，具体分析如下：

1）从公司内部影响效应域视角分析

在2010年的检验结果中，净资产收益率、资产负债率和资产的对数3个指标对陕西省环境会计信息披露程度影响是显著的，而2009年显著性指标也有3个，2008年显著性影响指标只有1个，这说明低碳经济背景下，企业盈利能力强弱、偿债能力的好坏以及企业规模的大小对陕西省环境会计信息披露程度影响显著。低碳经济背景下，关于是否支持原假设的检验结果判断上，具体分析如下：

①盈利能力方面：我们选择了净资产收益率指标分析影响披露环境会计信息的程度，该指标在2010年低碳经济背景下影响是显著的，且与环境会计信息披露成正向相关关系，与预期假设一致，即支持原假设H1。也就是说企业盈利能力越强，披露环境会计信息就越多，这说明陕西省上市公司在利用陕西省的自然资源的过程中，也意识到了对环境所造成的污染或其他影响问题。因此，盈利能力对2010年陕西省上市公司环境会计信息披露程度不仅影响显著，而且是正向影响关系。

②偿债能力方面：本研究在选择偿债能力指标上，最终确定了资产负债率。根据上面的回归结果可以看出，该指标对于2010年陕西省上市公司环境会计信息披露是负向影响关系，与预期假设不一致，即不支持原假设H2。其原因可能是虽然2010年为低碳经济发展最迅速的一年，也是我国大力提倡低碳经济的第一年，但是也是后金融危机时代，可能影响了陕西省上市公司的偿债能力，因为作为债权人、投资者等相关利益者，可能对企业偿债能力确实很重视，但是对其环境会计信息披露方面重视程度还是不足，企业有待进一步改善，利益相关者也有待于进一步对外进行监督。

③成长能力方面：在成长能力方面，本研究修正了主营业务收入增长率指标，将其修正为主营业务收入平均增长率，试图观察企业的成长能力是否有效影响到了环境会计信息披露的程度。上面的回归结果可以看出，2010年陕西省上市公司成长能力描述性统计结果来看，成长能力表现还算可以。最终的回归结果与预期假设结果相一致，即支持原有假设H3。也就是说2010年陕西省上市公司成长能力较强的情况下，在处于快速成长时期的情况下，上市公司依然注意到了自身

所应该承担的社会责任，较为真实、自愿地披露了环境会计相关信息。

④现金实力方面：本研究在研究中增加了现金实力指标，通过科学的方法筛选了指标，最终确定出了现金净利比。从回归结果来看，虽然该指标对环境会计信息披露影响不是很显著，但是其结果与预期假设相一致，即支持原假设H4。2008年的关系为负向关系，但是从2009年开始影响关系变为了正向影响关系，当然这在一定程度上可能是由于低碳经济的发展，也可能是企业本身在现金实力较强情况下，意味着真正实力也增强的原因，所以企业在现金实力越强的情况下，披露的环境会计信息就越多。

⑤企业规模方面：从上面的回归结果来看，在低碳经济影响下，该指标在2010年的影响是显著的，并且该指标在2010年与环境会计信息披露呈正向相关关系，这方面三年结果都是一致的，与预期假设相同，即支持原假设H5。这说明了，无论是否在低碳经济背景下，企业规模对上市公司环境会计信息披露影响均是正相关的，那也就是说上市公司规模越大，越会受到利益相关者的关注。因此，在这种无形的压力下，上市公司会考虑披露更多的环境会计信息，以求达到在利益相关者之前的良好形象，有利于企业的长远发展。

⑥企业价值方面：企业价值是很多企业在财务管理，乃至企业管理上追求的目标。虽然在2008—2010年三年间表现不是非常的突出，但是在2010年低碳经济下该指标对于环境会计信息披露具有正向影响关系，与预期假设相一致，即支持原有假设H6。说明在2008年金融危机之后，陕西省上市公司意识到了企业价值的重要性，而2009年哥本哈根气候大会开完后，使得2010年我国大力提倡了低碳经济，这样在2010年后金融危机时代下，企业确实更加意识到了企业价值的重要性，因此，这就促使陕西省上市公司在2010年披露的环境会计信息更多。

2) 从公司外部影响效应域视角分析

①独立董事的比例在2010年的检验结果中表现为对环境会计信息的负向影响关系，研究结果不支持原假设H7。这一结果与2008年和2009年的结果刚好相反。出现这种情况的可能原因是，通过查阅2008年至2010年陕西省上市公司的年报可以发现，在连续三年均有年报的28家公司中，有10家公司的独立董事比例与2008年、2009年相比，比例下降了很多，同时也发现到2010年这10家公司均有独立董事执行到期的问题，导致独立董事比例的下降，这就使得独立董事在2010年没有充分地发挥出应有的监控作用，这当然应该引起有关部门等的注意，这也说明了2010年陕西省上市公司在执行独立董事制度上缺乏完善性，

有待以后进一步加强。

②流通股占总股本的比例在2010年与环境会计信息披露程度呈正相关关系，与预期假设相一致，即支持原假设 H8。但是这一结果与 2008 年和 2009 年的结果相反。这可能说明了在 2010 年低碳经济和后金融危机的影响下，陕西省上市公司中流通股比例有所增加，流通股没有特别高度地分散到中小投资者手里，而在陕西省上市公司中形成了较为有效的内部治理机制，较前两年的影响效果明显。

4.3.5 小结

通过搜集 2008—2010 年的陕西省上市公司的环境会计信息，以及相关影响因素的数据，来分析陕西省上市公司环境会计信息披露受哪些因素影响较为显著，且关系如何。最终通过研究三年的数据，得出以下的结论：

第一，通过单因素方差分析方法，确定了现金实力的代表性指标为现金净利比，以及提出了一个修正指标为主营业务收入平均增长率，为后面的实证研究奠定坚实的基础。

第二，通过三年实证检验的结果发现，选择的 8 个指标中有四个方面相对比较显著影响企业的环境会计信息披露，分别为盈利能力（2009 年和 2010 年）、偿债能力（2009 年和 2010 年）、企业规模（2008 年和 2010 年）、流通股所占总股本的比例（2009 年）。

第三，在 2010 年低碳经济背景下的财务指标对环境会计信息披露的相关性检验中，有 6 个指标检验结果支持原有的正向影响关系的假设，分别为净资产收益率、主营业务收入平均增长率、现金净利比、资产的对数、每股净资产和流通股所占总股本的比例。而在 2008 年和 2009 年分别只有 3 个指标（资产负债率、资产对数和独立董事比例）、5 个指标（净资产收益率、资产负债率、现金净利比、资产对数和独立董事比例）检验结果支持原有假设。

因此，作为陕西省上市公司，为了实现自身的可持续发展，也应该注重提高自身的盈利能力、偿债能力，以及作为上市公司应该有效执行独立董事制度，满足国家对其监管的要求，最终提升自己的竞争实力，这样也必然会考虑多披露环境会计信息，实现企业的战略目标和长远发展。所以，企业在实现可持续发展的同时，还可以有效地披露环境会计信息，最终实现上市公司与社会双赢的结果。

4.4 陕西省非上市公司环境会计信息披露的实证研究

与西方发达国家相比，我国会计学界对环境会计信息披露的认识和研究都较晚。2001年，我国会计学会成立"环境会计专业委员会"，2002年年初举办环境会计研讨会。近几年来，随着科学发展观的确立，环境会计及其信息披露问题逐渐引起社会各界的关注，取得了一批研究成果。但是研究成果大多都是针对上市公司而言的，学术界针对非上市公司环境会计信息披露实证研究的少之又少，原因在于非上市公司的环境会计信息的内容不需要像上市公司一样强制披露，而这些公司的披露信息只能通过问卷的形式来获得数据。因此，本研究针对陕西省的非上市公司的环境会计信息披露情况进行了问卷匿名调查，以求了解这些公司的环境会计信息披露情况，从而为陕西环境会计的发展奠定坚实的基础。

4.4.1 问卷的设计、发放及回收情况

（1）问卷的设计

为了了解陕西省企业实施环境会计和披露环境会计信息的情况，本研究在查阅相关文献资料、专家访谈和头脑风暴会的基础上设计调查问卷，并不断地修正调查问卷，最终在2010年12月设计出正式的调查问卷。调查问卷分为4个部分，涵盖了25个方面的内容，每一部分都是根据调查的目的和问卷的要求所设计的，具体内容如下：

第一部分：企业的基本情况。包括了6个方面的内容，即被调查的对象所属部门，公司所属陕西省的区域、企业的性质、公司成立的年限和公司的规模，更重要的是通过本部分还要了解到企业是否属于国家规定的13类污染类的企业，这样更有助于了解其后面的环境会计信息披露情况。

第二部分：企业的环保意识。包括了5个方面的内容，即是否通过了ISO14001环境资格认证、如果没有是否有提出通过ISO14001环境管理体系认证申请的计划、是否设有专门的环保部门、企业进行环保的出发点、企业对可持续发展含义的认识。如此设计的目的是想了解陕西省企业的环保意识情况如何。

第三部分：环境会计的相关问题。包括了8个方面的内容，即企业对环境会计的了解程度、在低碳经济背景下企业认为实施环境会计的必要程度、企业是否设置了环境会计账户（如环境资产、环境负债、环境资本、环保基金、生态资源降级费用、维持自然资源基本存量费用、环境保护费用等）、企业目前实施环境会计是否具有可行性、企业是否有必要进行环境会计培训、企业是否期望在低碳

经济背景下国家出台环境会计相关准则、低碳经济对企业环境会计实施的促进作用程度如何、低碳经济对企业环境会计的影响体现在哪些方面等。这一部分设计的目的是想了解陕西省实施环境会计的状况，以及企业对于环境会计方面可能关心的问题进行了设计。

第四部分：环境会计信息披露。包括了6个方面的内容，由于此部分也是本研究的重点，设计的需要填制的内容比较多，其内容包括了企业是否披露了环境会计方面的财务信息和非财务信息、企业认为是否有必要披露环境会计信息、企业对环境会计披露的方式以及对环境会计披露的意见。最后，还设计了期望得到企业的一些财务指标信息，以助于研究影响陕西省企业环境会计信息披露的因素。此部分的设计主要想了解陕西省企业披露环境会计信息的基本状况。

（2）问卷的发放和回收情况

首先，问卷发放的时间。问卷设计上考虑了需要企业提供财务指标信息，为了能有效搜集到问卷所需的财务指标信息，同时也考虑了调研的为非上市公司，因此发放的时间定在了2010年度结束的3个月后。因此，发放的时间主要从3月1日到5月31日，通过3个月的深入实地调研、通信联系和网络调查访问的方式进行调研，得到了调研所需的数据。

其次，问卷发放的对象。主要针对陕西省范围内的企业进行调研，对西安、咸阳、汉中、铜川、宝鸡、渭南、延安、商洛、安康、榆林和兴平等地方的企业进行了大面积的调查，且侧重于向企业的财务人员进行发放。在调研过程中，基本侧重于向污染类企业发放问卷。

最后，问卷的回收情况。本次调查研究共发放了200份问卷，回收115份，回收率为57.5%，回收的比例不高。原因是一方面问卷中涉及环保比较敏感的问题，另一方面是问卷中涉及财务数据，可能有些公司有所顾忌。回收的115份问卷中，通过筛选，鉴于分析的需要，其中没有填写财务数据的视为无效问卷，因此，最终得到了有效问卷即样本67份。有效问卷所占比重为58.3%，有效问卷的比重较低的原因是：有些公司虽然也填了问卷，虽然问卷也是匿名填写，但是他们对问卷中的财务数据顾忌其安全性的影响，所以有些公司后面财务数据就没有填，这样就导致有效问卷比例有些低。但是从有效的样本量可以看出，达到了统计中的大样本量的要求。

4.4.2 问卷的基础性分析

根据问卷设计的初衷，问卷主要从四个方面来进行调研：一是企业基本情况的了解；二是企业环保意识如何；三是企业对环境会计相关问题了解情况；四是企业环境会计信息披露情况。因此，本研究先从问卷得到的基础数据方面进行分析与研究。

（1）企业基本情况的统计分析

1）发放对象

本次调研中，由于问卷中需要企业填写财务数据，所以在问卷发放过程中基本上向企业财务部门的财务人员进行了发放，当然从收回的问卷来看也有生产人员、环保部门人员、销售人员来填写的，但是由于缺乏财务数据也就被视为了无效问卷。

2）企业所在地区的分布情况

由于本研究调研的是陕西省的环境会计，因此本次发放对象主要是陕西省范围内的企业。本次调研主要将问卷发放至西安、咸阳、汉中、铜川、宝鸡、渭南、延安、商洛、安康、榆林、兴平等地方性的企业，具体的企业分布情况如图4—8所示。

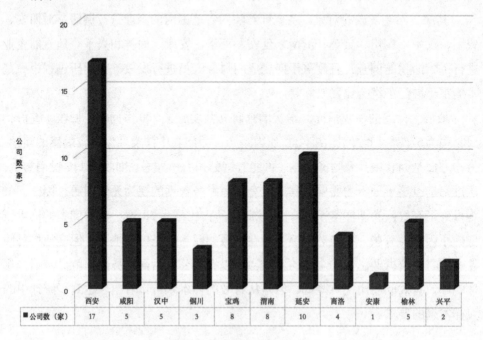

公司数（家）	西安	咸阳	汉中	铜川	宝鸡	渭南	延安	商洛	安康	榆林	兴平
公司数（家）	17	5	5	3	8	8	10	4	1	5	2

图4—8 调研企业地区分布

3) 企业性质的统计分析

通过调研发现，企业的性质主要集中于国有企业，其中国有企业就有51家，所占比例为76.1%，民营企业几乎没有，另外，其他类的如有限责任公司为16家，所占比例为23.8%。这也符合了本研究的目的，因为上市公司按照《公司法》的规定对外披露了环境会计信息，如果考察非上市公司类，就看占陕西省内资企业中将近30%的国有企业了，因此，可以分析这些国有企业的相关数据，看其在环境会计信息披露方面是否有一定的表率作用。

4) 企业行业分布情况的统计分析

由于重点研究的是环境会计问题，因此在发放问卷中也较为侧重的将问卷发到属于国家13类污染的企业，其国家规定的13类重污染行业有：化工业、纺织业、造纸业、冶金业、采矿业、发酵业、石化业、煤炭业、火电业、建材业、制药业、酿造业、制革业。被调研企业的行业所属情况的统计如表4—38所示。

表4—38 调研企业所属行业的公司数量统计

行业	化工	纺织	造纸	冶金	采矿	石化	火电	煤炭	建材	制药	其他
公司数（家）	6	13	2	2	6	5	1	5	2	6	19
合计	67家										

关于被调研企业所属行业分布企业比例情况如图4—9所示。

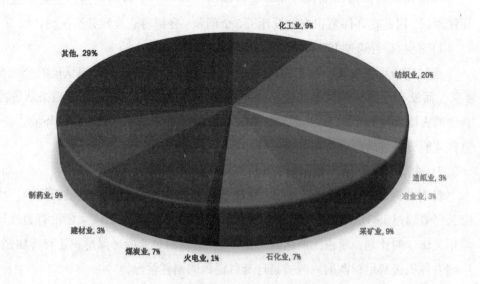

图4—9 调研企业所属行业分布所占比重

5) 调研企业的经营时间与经营规模的统计分析

通过上面的统计分析，可以发现被调研的其中大多数均为国有企业，所以它们的成立时间均比较久，经营时间较长，并且经营规模大多数都超过了亿元标准。具体的统计结果见表4—39所示。

表4—39 企业成立时间与经营规模情况统计

成立时间	公司数（家）	经营规模	公司数（家）
1年以下	0	年销售额1000万元以下	14
1~5年	6	年销售额1000万~5000万元	10
5~10年	13	年销售额5000万~10000万元	3
10年以上	48	10000万元以上	40
合计	67	合计	67

从上面的统计结果可以看出，在被调研的企业中有72%的企业经营时间已经在10年以上，且60%的企业是年销售额上亿的企业，使本研究更具价值，在经营时间较长的公司中，不但能看出它们给社会创造价值和消耗能源，而且更能看出它们对社会的影响情况。如果将来能对环境会计相关信息进行披露，则更能体现企业履行社会责任的情况。

(2) 企业环保意识程度的统计分析

针对陕西省范围内的部分企业进行调研，其中一个目的也是想了解企业的环保意识，因此在环保意识方面设计了5个问题，分别将企业回答情况统计如下：

1) 企业是否通过 ISO14001 相关环境认证

通过调研可以发现，在67家企业中，通过ISO14001相关环境认证的企业有4家，而没有通过环境相关认证的公司有63家。其未通过相关环境相关认证的企业所占比例达到了94%，这说明有必要在低碳经济的影响下通过相关环境认证，这样才能更好地履行应有的社会责任。

2) 企业是否有通过 ISO 相关环境资格认证的计划

针对此问题的调研发现，在63家没有通过ISO14001环境认证的公司中，19家公司有通过ISO14001相关环境资格认证的计划，而其他的44家都没有通过环境相关认证的计划，所占比例达到了69.8%，这说明企业的环保意识还有待加强，应该看到积极利用资源的同时披露自身对资源的消耗情况。

3）企业是否设有专门的环保部门

在调研企业是否设有专门的环保部门中，有28家公司设有专门的环保部门（所占比例为41.8%），有39家公司没有设专门的环保部门（所占比例达到了58.2%），即接近60%的企业设置了环保部门，说明大多数企业的环保意识还可以，但是比例仍有些低，对环境保护的重视程度还有待加强。

4）企业环保的出发点情况统计分析

针对环保意识的考察方面，我们设计了企业进行环保出发点的选择问题，问卷中设计了四个选项，作为企业进行环保的出发点：即国家政策压力，企业自身发展需要，公众压力及其他。其中具体的统计情况如图4—10所示。

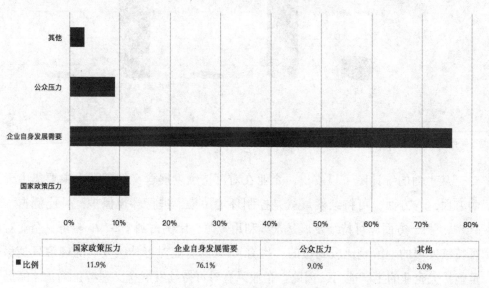

	国家政策压力	企业自身发展需要	公众压力	其他
比例	11.9%	76.1%	9.0%	3.0%

图4—10 企业环保出发点统计

从上面的统计结果可以看出，有76.1%的企业环保的出发点是企业自身发展需要，这一点是值得肯定的，说明大多数的企业环境保护的出发点是自愿的，而不是迫于压力。但是我们也不能忽视还有接近12%的企业环保出发点是出于国家政策压力，9%的企业环保出发点是出于公众压力，这说明了这些企业需要提高自身的环保积极性和环保的意识。而3%的企业环保出发点选择了其他，原因可能是企业环境保护还出于其他的目的考虑。这一点也是值得我们重视的。

5）企业对可持续发展含义的理解

在环保意识的调查中，我们设计了企业对可持续发展含义的理解问题，其中选项设计了五个：A. 尽可能扩大生产能力；B. 控制环境污染，进行环境保护；C. 提高员工素质；D. 永续利用资源；E. 其他。具体的统计情况见图4—11。

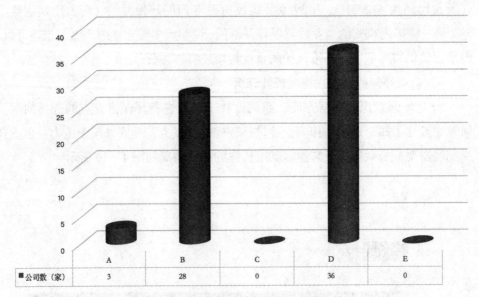

图4—11 企业对可持续发展含义理解统计

从上面的统计图可以看出，企业在对可持续发展含义的理解上主要集中于两方面：一方面，可持续发展就是控制环境污染，进行环境保护，其比例占了41.8%；另一方面，可持续发展是永续利用资源，比例占到了53.7%，可见企业对可持续发展的理解是比较到位的，也有4.5%的企业对可持续发展的理解只是尽可能扩大企业的生产能力。因此，企业只有对可持续发展含义理解正确，才能更好地在低碳经济下，对环境保护更加重视和承担相应的社会责任。

（3）企业低碳经济下的环境会计相关问题了解程度的统计分析

为了了解低碳经济下企业对环境会计相关问题的了解程度，特意在问卷的第三部分设置了8个问题，分别为：①企业对环境会计的了解程度；②在低碳经济背景下，企业认为实施环境会计的必要程度；③在低碳经济背景下，企业是否设置了环境会计账户（如环境资产、环境负债、环境资本、环保基金、生态资源降级费用、维持自然资源基本存量费用、环境保护费用等），若没有设置，其原因是什么；④在低碳经济背景下，企业实施环境会计是否具有可行性；⑤在低碳经济背景下，企业是否有必要进行环境会计培训；⑥企业认为在低碳经济背景下国家是否有必要出台环境会计相关准则；⑦低碳经济对企业环境会计实施的促进作用程度；⑧低碳经济对企业环境会计的影响体现在哪些方面。在此处为了研究变量整体的特征，即为了企业针对环境会计的了解程度和环境会计实行的可行性程度，特将前8个问题设置成变量，带入SPSS18.0分析其整体特征。因此，将8个问题分别设置成8个变量，分别为C1、C2、C3、C4、C5、C6、C7、C8。

1) C1、C2、C5、C6、C7变量的统计分析

由于C1、C2、C5、C6、C7这5个变量分别是单选，而且它们的答案设置都是5档的，所以为了方便，给每个选项都设置了分值，从第一个选项到第五个选项分别赋值为1、2、3、4、5，这样观察总体特征就可以看出企业的选择。因此，第一步对5个变量进行描述性统计，具体结果见表4—40。

表4—40 描述性统计

变量	N	极小值	极大值	均值	标准差	方差
C1	67	1	5	2.99	1.007	1.015
C2	67	1	5	2.34	0.729	0.532
C5	67	1	4	2.21	0.729	0.531
C6	67	1	4	2.24	0.698	0.488
C7	67	1	4	2.49	0.637	0.405

从上面的描述性统计结果来看，针对这5个变量的均值基本都是大于2小于3的数值，这分别说明了：C1企业对环境会计的了解程度处于比较了解和基本了解之间，况且此值几乎等于3，这说明了陕西省的企业对环境会计还是基本了解的；C2低碳经济下，企业认为实行环境会计的必要程度是处于有必要与一般之间，也就是说企业对于实施环境会计是否有必要程度持中立的态度，不是非常积极的态度，这也说明企业没有完全意识到环境会计的积极意义；C5低碳经济下，企业是否有必要进行环境会计培训，大多数企业的态度在有必要与一般之间，这说明了企业对环境会计的培训是有所需求的，只是需求还不是很热切；C6低碳经济下，企业是否认为国家有必要出台环境会计相关准则，企业的态度也是居于有必要与一般之间，说明企业希望能出台规范环境会计的相关政策；C7企业认为低碳经济对环境会计实施的促进程度如何，大多数的企业集中于影响还是比较强的选择或者一般，基本没有选择弱的，这说明了企业意识到低碳经济肯定会对企业环境会计信息披露有影响，只不过影响程度还可能在早期，影响不是很大。

2）C3、C4 和 C8 变量的统计分析

① C3：主要考察企业是否设置了环境会计账户，被调查的 67 家企业中没有一个设置相应账户的，关于没有设置环境账户选择的原因统计如图 4—12 所示（此选项企业可以多选）。

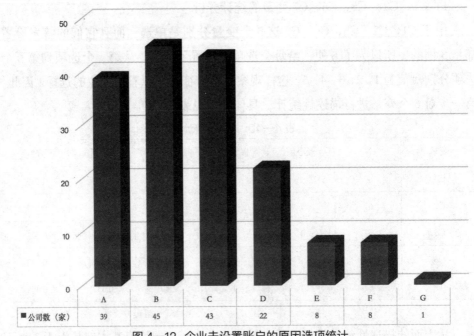

	A	B	C	D	E	F	G
■公司数（家）	39	45	43	22	8	8	1

图 4—12 企业未设置账户的原因选项统计

其中 A 至 G 分别代表：A. 环境会计准则的缺位；B. 可操作性差；C. 专业人才的缺乏；D. 计量和成本分配方面存在困难；E. 详尽披露有可能对企业产生负面影响；F. 由此带来的成本费用增加；G. 其他。从图 4-12 可以看出，企业没有设置环境账户的原因主要集中于前四个选项，即我国环境会计准则缺位，没有规范性的政策，这样也就导致企业的环境会计的可操作性较差；同时目前对于环境会计的人才也比较缺乏，这促使我国应该注重对环境会计人才的培养；由于我国没有对环境会计的相关准则规范，这样导致企业针对环境会计的相关内容的计量和成本分配存在困难。当然，也有少量企业从自身利益出发，详尽披露环境会计内容可能对企业产生负面影响，以及由此带来的成本费用增加，所以企业没有设置环境会计的相关账户。目前，据上市公司的情况来看，环境会计内容反映在企业现有的账户中较多，如排污费、绿化费等项目均列在企业的管理费用等项目中，暂时还没有设置专门的环境会计账户。

② C4：主要考察在低碳经济背景下，企业是否有实施环境会计的可行性。其中有 30 家企业认为实施环境会计在其自身的企业是具有可行性的，比例占到了 44.8%，不到一半；但是还有 37 家企业认为，环境会计在其自身企业实施不具有可行性，比例占到了 55.2%，超过了一半，其中不具有可行性的原因统计如图 4—13 所示。

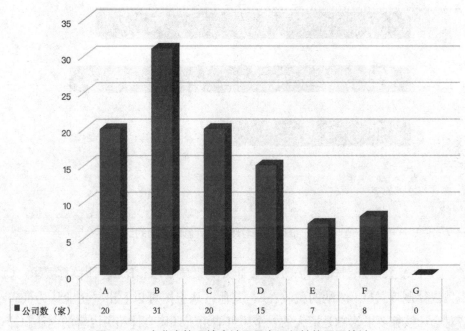

	A	B	C	D	E	F	G
公司数（家）	20	31	20	15	7	8	0

图 4—13 企业实施环境会计不具有可行性的原因统计

其中 A 至 G 的解释同前面 C3 中的选项原因相同。从上图可以看出，企业认为自身实施环境会计不具有可行性的原因主要也是集中在前三个方面，即由于环境会计准则的缺位、可操作性差、专业人才缺乏，当然也有些公司考虑到了计量和成本费用分配方面存在困难，以及企业认为实施环境会计后在一定程度上对企业产生负面影响等。这些说明了企业实施环境会计的意识还不够强，当然这也说明了我国亟待出台环境会计的相关规范性的政策，这样才有助于约束企业的相关污染环境而不承担责任的行为。

③ C8：主要考察企业在低碳经济下对环境会计的影响体现在哪些方面的看法（企业可以多选）。具体公司的选择结果如图 4—14 所示。

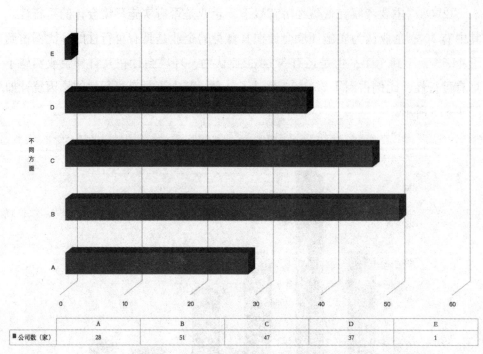

■公司数（家）	A	B	C	D	E
	28	51	47	37	1

图 4—14　低碳经济对环境会计影响方面的统计

　　其中 A 至 E 分别代表为：A. 会计人员素质要求；B. 会计核算要求；C. 相关法律制度；D. 缴纳的税收；E. 其他。从上图可以看出，企业认为低碳经济对会计核算要求影响是最大的一个，可能由于环境会计相关内容的确认和计量是会计的首要的两个环节，所以低碳经济对环境会计的影响首先表现在会计核算上；其次，大多数企业认为相关法律制度也是低碳经济影响较大的方面，由于环境会计与传统会计的差异，必然会影响我国将来颁布与环境会计相关的政策法规；再次，企业接下来关心的是缴纳的税收方面，他们认为低碳经济对环境会计的影响可能在一定程度上导致他们将来税收缴纳更多或者其他问题；最后，也有不少企业还认为会计人员素质也是低碳经济对环境会计影响的方面，况且低碳经济的发展可能更加促进了环境会计的实施，这必然会考虑到人才培养的问题。

　　（4）企业的环境会计信息披露相关问题统计分析

　　对于非上市公司来讲，会计信息披露不是强制性的，而对于上市公司来讲，它必须按照《公司法》的规定，对外公布它的会计信息。而此处调查问卷设计披露问题，是想了解企业即便没有对外披露环境会计的相关内容，但是只要在相关报告或文件中提到问卷设计的内容就可以填写相应的认为其"披露"了，也就是说此处的披露不一定是对外披露的含义。调查问卷在这一部分主要设计了6个问题，前3个问题主要考察企业环境会计信息披露的内容；第4个问题是考察企业对是否有必要披露环境会计信息的看法；第5个问题是考察企业环境会计信息披露的方式问题；第6个问题主要考察企业环境会计信息披露的建议。关于环境会计信息披露的内容与方式问题，在后面专门进行了统计分析。在此处主要回答的就是关于第4个问题，企业是否有必要披露环境会计信息，以及第6个问题企业提出的相应建议。

1) 企业认为是否有必要披露环境会计信息

这一部分问卷在设计中，主要设计了如果认为有必要披露环境会计信息的，其原因有A至G的7个选项（A. 内部管理的需要；B. 有利于社会公众监督企业履行环境受托责任；C. 树立良好的公众绿色形象；D. 政府等管理机构的强制要求与公众或环保的压力；E. 市场的压力；F. 其他）；如果认为没有必要披露环境会计信息的话，其原因也有A至G的7个选项（A. 环境会计准则的缺位；B. 可操作性差；C. 专业人才的缺乏；D. 计量和成本分配方面存在困；E. 详尽披露有可能对企业产生负面影响；F. 由此带来的成本费用增加；G. 其他）。具体的统计结果见表4—41所示。

表4—41 企业认为是否有必要披露环境会计信息统计

是否 有必要披露（家）	A	B	C	D	E	F	G
有必要：44	29	35	36	10	10	0	0
没必要：23	8	14	6	5	8	6	2

从上表可以看出，①认为有必要披露环境会计信息的企业有44家，所占比例为65.7%，说明大多数的企业环境会计信息披露的意识还是比较强的。其中之所以选择披露的原因中居于主要地位的是有利于社会公众监督企业履行环境受托责任和树立良好的公众绿色形象，还有考虑到企业内部管理的需要，这些又说明了企业既考虑到自身的需要，又考虑到社会对其的监督。②认为没有必要披露环境会计信息的企业有23家，所占比例为34.3%。其原因中可操作性比较差居于主要的地位，另外还有环境会计准则的缺位和详尽披露有可能对企业产生负面影响等方面，这些却说明了企业意识到环境会计信息披露的重要性，但是缺乏应有的

丝绸之路经济带环境会计信息披露区域性研究—以陕西省为例

准则加以规范，导致可操作性较差，企业必然选择没有必要披露环境会计信息内容。同时，从问卷中可以看到，选择没有必要披露环境会计信息的企业大多数都是非重污染的企业。

2）企业对环境会计信息披露提出的建议

针对第6个问题，问卷设计该问题的目的是看企业是否能从自身的实际出发，针对环境会计信息披露的问题提出自己的观点或建议。在此部分有些企业提出了相应的建议，主要集中于以下几点：从企业内部来讲，加强企业对于环境会计信息的重视，加强企业管理人员与员工的环保意识；从企业外部来讲，加强社会监督、政府监督，加紧出台环境会计的相关准则和法律法规，提醒更多的利益相关者来关注环境会计信息的内容，加强培养环境会计人才等建议。当然，这也是各省目前实施环境会计中存在的问题，陕西也不例外，具有其自身的特点，需要从多方面考虑如何促进环境会计的有效实施做出应有的努力。

4.4.3 问卷的信度与效度检验

调查问卷的质量高低与否关系着调查结果是否具有真实性、实用性等，为了保证调查问卷具有较高的可靠性和有效性，即提高调查问卷的质量，进而提高研究的现实价值，在形成正式的调查问卷之前，应对调查问卷进行信度分析和效度分析，信度分析和效度分析的方法包括逻辑分析和统计分析，本研究主要运用统计分析进行信度和效度检验。

（1）问卷的信度分析

信度即可靠性，指通过采用同样的方法对同一对象重复测量，检验结果的一贯性、一致性、再现性和稳定性，即检验调查问卷的可信程度。信度分析方法主要有四种：重测信度法、复本信度法、折半信度法以及 α 信度系数法。重测信度属于稳定系数，重测信度法特别适用于事实型问卷，如果没有突发事件影响被调查者的态度或意见，这种方法也适用于态度或意见型问卷；复本信度法要求两个复本除了表述方式不同之外，在格式、内容、难度和对应题项的提问方向等要完全一致，但实际上很难使调查问卷达到这种效果，因此这种方法很少得以运用；折半信度法用于态度或意见型问卷的情况比较多；α 信度系数法适用于态度或意见型问卷或量表的信度分析，也是目前最常用的信度分析方法，Cronbach's Alpha 信度系数相应地是目前最常用的信度系数。因此，本研究采用 α 信度系数法对调查问卷进行信度分析。一般情况下，主要考虑问卷即量表的项目之间是否具有较高的内在一致性，通常信度系数为 0~1，如果量表的信度系数大于 0.9，则说明量表的信度良好；如果量表的信度系数为 0.8~0.9，则说明量表的信度能够接受；如果量表的信度系数为 0.7~0.8，则说明量表中有些项目需要加以修订；如果量表的信度系数在 0.7 以下，说明量表中有些项目需要抛弃。

将调查问卷所有研究变量数据代入 SPSS18.0 中，首先，将所有研究变量进行标准化处理，然后进行信度分析。具体的信度分析如表 4—42 至表 4—48 所示：

表 4—42 量表的信度分析表

Cronbach's Alpha	Cronbach's Alpha Based on Standardized Items	N of Items
0.807	0.843	50

从表 4—42 的可靠性统计分析表中可以看出，在量表的信度检验中，Cronbach's α = 0.807，标准化 Cronbach α = 0.843。Cronbach's α 系数的意义是：个体在这一量表的测定得分与如果询问所有可能项目的测定得分的相关系数的平方，即这一量表能获得真分数的能力。本例为 0.807，意味着对于环境会计信息披露情况在量表中尚有 19.3% 的内容未曾涉及，由于信度系数为 0.8~0.9，则说明量表的信度能够接受，而且标准项目的信度系数为 0.843，信度系数也在可接受的范围内，因此，量表是可以通过信度检验的。

表 4—43 Scale Statistics

Mean	Variance	Std. Deviation	N of Items
55.95	76.545	8.749	50

表 4—44 Summary Item Statistics

	Mean	Minimum	Maximum	Range	Maximum / Minimum	Variance	N of Items
Item Means	1.119	0.015	7.477	7.462	486.000	2.172	50
Item Variances	1.069	0.015	24.066	24.050	1564.281	13.678	50
Inter-Item Correlations	0.023	-0.852	0.851	1.704	-0.999	0.036	50

从表 4—43 和表 4—44 中可以看出，该量表的平均得分为 55.95，标准差为 8.749；平均每个项目的得分为 1.119，极差为 7.462；各个项目的方差平均为 1.069；项目间的相关系数范围为 -0.852~0.851。

表4—45 ANOVA

		Sum of Squares	df	Mean Square	F	Sig
Between People		97.977	64	1.531		
Within People	Between Items	6916.579	49	141.155	133.157	0.000
	Residual	3324.361	3136	1.060		
	Total	10240.940	3185	3.215		
Total		10338.917	3249	3.182		

Grand Mean = 1.12

从表4—45可以看出，方差分析表明，F=133.157，P<0.0001，即该量表的重复度量效果良好。

表4—46 Hotelling's T-Squared Test

Hotelling's T-Squared	F	df1	df2	Sig
52492.689	267.820	49	16	0.000

从表4—46的Hotelling T2检验可知，该量表的项目间平均得分的相等性好，即项目具有内在的相关性，适合后面作相关分析。

（2）问卷的效度分析

效度即有效性，指测量工具或手段测出所需测量事物的准确程度。具体分为内容效度、准则效度和结构效度三种类型，相应地，效度分析的方法主要有单项与总和相关效度分析、准则效度分析以及结构效度分析三种。单项与总和相关效度分析是用于测量量表的内容效度的一种方法，通常采用逻辑分析与统计分析相结合的方法对内容效度进行评价；准则效度分析问卷题项与准则的联系，若二者相关性较强，则为有效题项，评价准则效度的方法是相关分析或差异显著性检验，但对于调查问卷的效度分析选择一个合适的准则往往不是很容易，所以，这种方法的运用受到一定的限制；结构效度分析所采用的方法是因子分析，通常认为，效度分析最理想的方法是利用因子分析测量量表的结构效度，因子分析的主要作用是从量表全部变量中提取一些公因子，各公因子分别与某一群特定变量高度关联，这些公因子即代表了量表的基本结构，通过因子分析可以考察量表是否能够测量出设计者设计问卷时假设的某种结构，而因子分析结果中评价结构效度的主要指标有累计贡献率、因子负荷以及共同度。其中，累计贡献率反映公因子对量表的累积有效的程度，因子负荷反映原变量和某一个公因子相关的程度，而共同度反映的是公因子对原变量解释的有效程度。

主成分分析是一种多元统计分析方法，其利用降维思想，把多个指标转化为少数几个综合指标，评价非常客观，并根据各指标自身数据的相关系数和各数据的变异情况来确定权重，综合指标彼此间的互不相关，除了保留了原变量的主要信息外，还有更优越的性质，使我们在综合评价时更易抓住主要矛盾，从而对研究对象进行综合的评价。因此，应选择主成分分析法对调查问卷的结构效度进行分析。具体的效度分析如表 4—47 所示。

表 4—47 KMO and Bartlett's Test

Kaiser-Meyer-Olkin Measure of Sampling Adequacy.		0.654
Bartlett's Test of Sphericity	Approx. Chi-Square	173.124

从表 4—47 可以看出，经 Bartlett 检验表明：Bartlett 值 = 173.124，$P<0.0001$，即相关矩阵不是一个单位矩阵，说明适合作因子分析。KMO 值为 0.654，其是用于比较观测相关系数值与偏相关系数值的一个指标，其值越接近 1，说明对这些变量进行因子分析的效果愈好。表中的 KMO 值适合作因子分析，这意味着量表是有效的。

表 4—48 Total Variance Explained

Component		Extraction Sums of Squared Loadings			Rotation Sums of Squared Loadings		
		Total	% of Variance	Cumulative %	Total	% of Variance	Cumulative %
Dimension	1	4.32	35.17	35.17	5.83	28.71	28.71
	2	5.49	36.71	71.88	5.29	29.78	58.49
	3	3.75	10.94	82.82	2.99	21.16	79.65
	4	3.21	9.92	88.74	2.67	13.09	88.74

从表 4—48 的总方差解释表中可以看出，在最大方差因子旋转法下，最终所有的变量被浓缩成 4 个因子，4 个因子的累计方差贡献率为 88.74%，已经超过了85%，这说明公因子对量表的累积有效程度相对来说是较高的。因此，这也说明量表是有效的。

4.4.4 陕西省非上市公司环境会计信息披露状况统计分析

（1）陕西省非上市公司环境会计信息披露内容统计分析

问卷主要考察企业环境会计信息披露内容中的财务信息与非财务信息。通过分析回收的调查问卷，可以看出非上市公司环境会计信息披露内容的整体状况如图 4—15 所示。

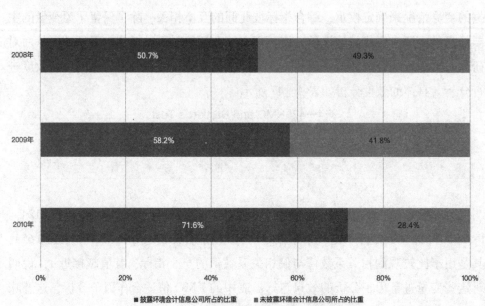

图 4—15　企业环境会计信息披露内容整体统计

从上面披露的环境会计信息内容的整体状况来看，有逐年增加的趋势。虽然它们没有对外进行公布，但是由于它们大多数都属于国家指定的重污染企业，所以即便在相关报告或者文件中披露的内容也是相对较多的。环境会计信息披露内容的比例从 2008 年的 50.7%，上升到 2010 年的 71.6%，这不得不说低碳经济在其中起了很大的促进作用。

作为非上市公司来讲，环境会计信息的披露不是指将其对外披露，而是企业可能在某个报告或者内部文件中列示了关于环境会计信息的内容，这也称为企业的一种"披露"之意。因此，根据调查问卷我们大体可以归纳出不同行业间企业披露环境会计信息的情况。具体见表 4—49 所示。

表 4—49 行业所属企业披露情况统计表

年份 行业类别	2008 年		2009 年		2010 年	
	披露数（家）	未披露数（家）	披露数（家）	未披露数（家）	披露数（家）	未披露数（家）
纺织类	8	5	9	4	12	1
制药业及相关	5	3	6	2	8	0
煤炭业及相关	5	10	7	8	10	5
石油及化工类	9	4	9	5	8	6
火电、采矿相关	7	10	8	9	10	7
合计	34	33	39	28	48	19

注：表格中代表披露与未披露环境会计信息的公司数目。

从上表我们也可以大体看出，披露环境会计信息的企业数是逐年上升的，2010 年在低碳经济的影响下，披露的公司数目明显增加。这说明企业在低碳经济背景下，作为污染类的企业注意到了自身在利用自然资源的过程中，在耗费自然资源的同时，还可能污染环境，因此企业当然有必要在多方面加强控制污染，履行好应有的社会责任，实现企业的可持续发展。

(2) 陕西省非上市公司环境会计信息披露方式统计分析

从上市公司的对外披露环境会计信息来看，其披露的方式包括了年报及年报附注（A）、招股说明书（B）、董事会报告（C）、重要事项（D）、单独环境报告（E）、企业内部会议记录（F）、企业管理层的讨论与分析（G）、社会责任报告（H）和其他（I）等，其中需要说明的是将问卷中的第一项和第二项合并，即为年报及年报附注。从调查问卷的整体结果来看，企业选择什么样的方式来说明环境会计的信息，不同的企业可能有不同的作法，但是大体结合三年的披露方式来看，披露方式整体统计结果如图 4—16 所示。

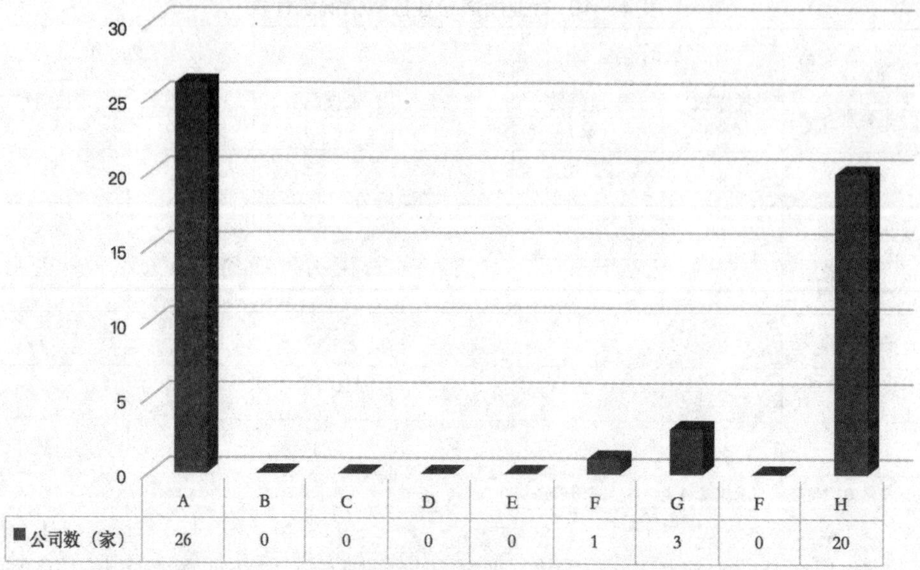

■公司数（家）	A	B	C	D	E	F	G	F	H
	26	0	0	0	0	1	3	0	20

图4—16 企业披露方式整体统计

从上图的统计结果可以看出，三年总体披露的公司数目大概集中在 50 家，而其中有 26 家公司选择在年报及年报附注中披露，比例占到了 52%，即一半之多，而还有 20 家公司选择用其他独有的方式或者成为较为隐秘的方式来说明环境会计信息的内容，比例占到了 40%，这可能与其不是上市公司有关系，因为没有国家的强制披露要求，企业当然可以选择适合自己的环境会计信息披露方式。

4.4.5 实证研究设计

（1）样本的选择与确定

通过向陕西省内的西安、咸阳、汉中、铜川、宝鸡、渭南、延安、商洛、安康、榆林和兴平等地发放问卷，回收的有效问卷为 67 份。确定的行业类别有化工业、纺织业、造纸业、冶金业、采矿业、石化业、煤炭业、火电业、建材业、制药业和其他等，其行业内企业的分布情况，见表 6-1 所示。实证研究所用到的企业数据是 2007 ~ 2010 年的财务数据。这些公司的环境会计信息披露的相关情况均是根据问卷整理所得。

（2）研究假设的提出

由于所调查的企业基本都是非上市公司，因此，本研究实证研究的假设主要从企业内部影响效应来进行分析，即从企业的偿债能力、盈利能力、营运能力、成长能力、现金实力和公司规模 6 个方面提出假设，来分析内部因素对环境会计信息披露程度的影响。

1) 偿债能力方面的影响效应域假设提出的理由：作为非上市公司来讲，偿债能力的强弱直接关系着将来融资的问题，因为它不会像上市公司那样，可以有效通过发行股票等方式进行融资，如果作为国有企业，除了国家资助部分资金之外，还有大量的资金来源于债权人。这样债权人会更加关心债务企业各方面的信息，从外部给予了一定的监督。企业为了在债权人面前树立良好的形象，也会考虑通过自己的方式来披露环境会计信息的相关内容。因此，特提出假设如下：

H1：偿债能力与环境会计信息披露关系为正向关系。

2) 盈利能力方面的影响效应域假设提出的理由：盈利能力的好坏，关系着企业的长远发展。而盈利能力较强的企业，往往希望利益相关者能正确的判断企业的类型（即是否属于盈利能力较强型的企业）。虽然不是上市公司，但是也是为了与亏损企业或者是盈利能力差的企业形成差异，这样企业必然也会通过各种方式来披露一些相关环境会计方面的信息。因此，特提出假设如下：

H2：盈利能力与环境会计信息披露关系为正向关系。

3) 营运能力方面的影响效应域假设提出的理由：在前人的研究中，未提到关于营运能力的影响问题。但是，对于非上市公司来讲，尤其对大多数的国有企业来讲，资产营运能力的强弱在一定程度上也能反映企业经济实力，资产营运能力如果较强，也会得到国家的大力支持。营运能力在很大程度上影响着企业的环境会计信息披露的多少。因此，特提出如下假设：

H3：营运能力与环境会计信息披露关系为正向关系。

4) 成长能力方面的影响效应域假设提出的理由：在被调研的企业中，我们统计出了72%的企业经营年限都超过了10年，可见大多数企业追求的是企业长远的可持续发展。成长性的问题不仅是上市公司所普遍关心的问题，作为非上市公司来讲，成长性更显得尤为重要。因为具有成长性的企业，融资较为容易，也能得到国家在各方的大力支持，也会受到社会公众的支持。但是要成为成长性的企业，实现可持续发展，必然要求企业在利益相关者面前树立良好的形象，履行好一定的社会责任。而这些当然包括了要采用适当的方式披露相关环境会计方面的信息。因此，特提出如下假设：

H4：成长能力与环境会计信息披露关系为正向关系。

5) 现金实力方面的影响效应域假设提出的理由：现金实力指标主要是用来说明企业在一定期间内获取现金或现金等价物能力。在第五部分实证部分已经说明，现金流量表所反映的信息在一定程度上会更加的真实与可靠，它反映了企业实际获取现金的能力，也能反映出企业的经济实力。企业如果想得到利益相关者的大力支持，必然会考虑适当披露环境会计信息，在被调研的企业中大多数都是国家指定的重污染企业，所以它会更加重视环境会计信息相关内容的披露问题。因此，特提出如下假设：

H5：现金实力与环境会计信息披露关系为正向关系。

6）企业规模方面的影响效应域假设提出的理由：在被调研的企业中，有60%的企业年销售额超过亿元，可见规模均是比较大的企业。但是企业规模越大，越会受到各方的关注，如投资者、债权人和其他社会公众等，这样企业为了获得各方面的支持，在各方利益的监督之下，也会通过相关报告或者文件等方式来披露环境会计信息的相关内容。因此，特提出如下假设：

H6：企业规模与环境会计信息披露关系为正向关系。

（3）研究指标的初选与筛选

1）因变量的选择

关于因变量的设定，在此处依然参考前面上市公司中的确定方法，即选用了环境会计信息披露指数（简称 EDI）作为因变量。在这里对因变量的定量计算与陕西省上市公司环境会计信息披露指数方法一致。采用实际披露条目得分占理想披露得分的比重来确定，即计算公式为：环境会计信息披露指数（EDI）＝实际披露条目得分 ÷ 完全披露条目得分（或理想得分）。至于条目信息的来源，主要是看从调查问卷搜集回来的信息，手工整理得到的。问卷中反映出来的信息参考了上市公司的环境会计信息内容，即分为了定量信息和定性信息，提供定量信息或者定性和定量相结合的信息赋 2 分，只有定性信息的赋 1 分。具体问卷调查的环境会计信息相关项目如表 4—50 所示。

表 4—50　被调查企业的环境会计信息披露内容

定量信息	环境保护借款环境保护的投资	定性信息	ISO14001 等环境相关认证
	生产过程中的排污费		企业的三废收支与节能减排
	资源费、自然资源补偿费或资源税		企业环境治理及改善状况方案
	企业相关的绿化费		企业已通过的环保措施和方案
	环境保护拨款、环境保护的相关补贴和税收减免		国家地方环保政策影响
			企业是否获得相关的环境保护的奖励或惩罚
			一个会计期间耗费的自然资源

注：企业可能披露时定性信息与定量信息相结合。

2) 自变量的选择

在前面的研究中，共提出了6个假设，相对应的有6个自变量。其假设依次顺序为：偿债能力、盈利能力、营运能力、成长能力、现金实力和公司规模。其代表性指标：除现金实力和营运能力指标外，其他四个能力的指标选择与上市公司一致，分别为资产负债率、净资产收益率、主营业务收入平均增长率和总资产对数。而其他两方面能力指标因前人没有涉及，所以本研究仍然采用统计方法科学筛选后确定。具体的筛选过程如下：

①现金实力指标的筛选与确定。现金实力指标前人未涉及，本研究也考虑到了评价企业现金实力指标有很多，如经营现金净流量增长率、现金净资产比、现金总资产比、现金收入比、现金净利比、现金总负债比等，为了能选择出一个具有代表性的指标，因此采用统计中的单因素方差分析方法对现金实力指标进行科学筛选。方差分析（简称ANOVA），是一种通过分析样本数据各项差异的来源，以检验三个或者三个以上样本空间平均数是否相等或是否具有显著差异的方法。通过代入问卷调查整理获得的2008～2010年的样本数据，将环境会计信息披露指数定义为因变量，把初选的6个现金实力指标定义为自变量，在SPSS18.0中选择适当的选项进行方差分析，方差分析结果如表4—51所示。

表4—51 现金实力指标方差分析结果

现金实力指标	ANOVA				Test of Homogeneity of Variances	
	Between Groups	Within Groups	F	Sig.	Levene 统计量	Sig.
经营现金净流量增长率	10.017	55.983	0.202	1.000	0.446	0.952
现金净利比	14.770	0.740	19.954	0.001	0.262	0.611
现金总资产比	33.680	32.320	1.177	0.119	0.786	0.684
现金净资产比	10.823	0.815	13.286	0.006	5.9281	0.018
现金流动负债比	26.918	39.082	0.778	0.760	0.878	0.592
现金收入比	21.340	44.660	0.539	0.958	17.478	0.000

如果Sig.小于0.05，则说明这些指标的不同组间具有明显差异。而从上表的方差分析结果可以看出Sig.小于0.05的指标有现金净利比和现金净资产比。因此，

保留这两个指标，但是除了对研究总体的总体平均数的差异进行显著性检验以外，我们还需要对独立样本所属总体的总体方差的差异进行显著性检验，统计学上称为方差齐性（相等）检验。在进行均值多重组间比较时，要求各组的方差相同，所以要进行方差齐性检验。从显著性概率看，Sig. 大于 0.05，说明各组的方差在 a=0.05 水平上没有显著性差异，即方差具有齐性。从上表中方差齐性检验结果来看，最终只有现金净利比的显著性大于 0.05，故最终确定的具有代表性的现金实力指标为现金净利比。因此，根据假设预期该指标系数符号为正号。

②营运能力指标的初选与筛选。评价企业营运能力的指标也很多，有应收账款周转率、流动资产周转率、总资产周转率等，为了科学确定代表性指标，所以运用统计分析方法进行科学的确定。从被调查企业取得的数据进行整理后，可以得到上面的三个指标的数值，但是选择一个代表性的指标，还应该根据数据特征和统计分析结果确定，这样将来的检验结果才较为可靠。因此，下面就对这三个指标和因变量环境会计信息披露指数一并代入 SPSS18.0 进行描述性统计和方差分析，最终统计分析结果如下。

表 4—52 营运能力指标描述性统计分析及方差分析结果

营运能力指标	描述性统计分析		ANOVA		Test of Homogeneity of Variances	
	极小值	极大值	F	Sig.	Levene 统计量	Sig.
应收账款周转率	0.003	22108.375	4.488	0.000	1297.052	0.000
存货周转率	-1.418	167.425	0.178	1.000	1.670	0.104
总资产周转率	-2.321	16.081	2.463	0.043	5.153	0.512

从上表可以看出，三个营运能力指标描述性统计分析结果中，相比较而言应收账款周转率和存货周转率的极小值与极大值之间差异较大，这个可能影响将来的评价结果，从描述性统计分析结果可以看出，总资产周转率可以考虑保留下来。同时，通过方差分析和方差齐性检验，得出方差分析结果中总资产周转率的显著性明显小于 0.05，且方差齐性检验的显著性大于 0.05，说明总资产周转率在不同组之间存在显著性差异。因此，最终选定的营运能力指标为总资产周转率。

（4）研究指标的确定

根据前面的假设和假设提出的原因，最终分析确定了研究所用到的自变量指标。具体指标及指标内涵解释如表4—53所示。

表4—53 研究指标及指标解释表

指标所属项目	具体指标名称	计算公式	预期符号
偿债能力	资产负债率	负债总额 / 资产总额	+
盈利能力	净资产收益率	净利润 / 平均净资产额	+
营运能力	总资产周转率	营业收入 / 平均资产总额	+
成长能力	主营业务收入平均增长率	$\sqrt[n-1]{\text{最末年的主营业务收入 / 最初年的主营业务收入}}$	+
现金实力	现金净利比	经营活动现金净流量 / 净利润	+
企业规模	总资产的对数	Ln（资产总额）	+

注：①报表中没有明确的普通股股数数据，因我国股票的发行价格均为每股1元，所以用报表中的股本数代替普通股股数。
②此处主营业务收入平均增长率为修正指标，因数据用到2007～2010年的数据，因此，这里n取4。

(5) 多元线性回归模型的构建原理

回归分析就是研究随机因变量与可控自变量之间相关关系的一种统计方法；多元线性回归模型是含两个以上自变量并且一个因变量与多个自变量之间存在线性关系的回归模型，表现在线性回归模型中的自变量有多个，一般表现形式为：

$$y= \beta_0+\beta_1 x_{1i}+\beta_2 x_{2i}+\cdots+\beta_k x_{ki}+\mu_i \quad i=1, 2, \cdots, n$$

其中：k 为解释变量的数目，β_j，j=1, 2, $\cdots$, k 称为偏回归系数。

本研究的多元线性回归模型为：

$$y= \beta_0+\beta_1 x_1+\beta_2 x_2+\beta_3 x_3+\beta_4 x_4+\beta_5 x_5+\beta_6 x_6+\varepsilon$$

其中：$y=$ 环境会计信息披露指数；$x_1=$ 资产负债率；$x_2=$ 净资产收益率；$x_3=$ 总资产周转率；$x_4=$ 主营业务收入增长率；$x_5=$ 现金净利比；$x_6=$ 总资产的对数。

4.4.6 实证检验过程及结果分析

(1) 描述性统计分析

为了研究低碳经济下的陕西环境会计问题，本研究先针对2008年、2009年和2010年的样本数据作了整体特征描述，即描述性统计分析，试图从中发现这三年企业变化的相关规律，以及低碳经济对陕西环境会计的影响程度。所以，下面分别对2008年、2009年和2010年的数据进行描述性统计分析。具体见表4—54～表4—56。

1) 2008 年样本数据的描述性统计结果分析

表 4—54 2008 年数据的描述性统计结果

变量	N	极小值	极大值	均值	标准差
环境会计信息披露指数	67	0.0000	0.5417	0.1169	0.1414
资产负债率	67	0.0496	6.9014	0.7230	0.8455
净资产收益率	67	−11.6901	2.1812	−0.0327	1.5047
主营业务收入平均增长率	67	−2.0053	5600.1895	84.0649	684.1141
总资产周转率	67	−0.9758	11.3754	1.3243	2.1685
现金净利比	67	−366.4868	320.5400	2.5705	62.6593
资产对数	67	10.3425	24.8740	18.9306	2.6648

从上表可以看出，因变量环境会计信息披露指数极小值为 0.0000，极大值为 0.5417，二者相差较大，但是均值却较小，仅有 0.1169，这说明企业环境会计信息披露的内容不足。在自变量中相差比较大的是主营业务收入增长率，极大值与极小值相差特别大，这只能说明这些企业之间收入的差距比较大，这样也导致了现金实力方面相差也比较大，这说明了企业之间发展是不均衡的，虽然大多都属于国有企业，但是相互之间在各方面能力表现是不同的。当然，这也可能是金融危机对企业的影响，由于世界金融危机的爆发，企业在应对危机时的态度和承受能力存在很大的差异，因此表现在财务指标上面差异也比较大。

2) 2009 年样本数据的描述性统计分析

表 4—55 2009 年数据的描述性统计结果

变量	N	极小值	极大值	均值	标准差
环境会计信息披露指数	67	0.0000	0.5417	0.1493	0.1616
资产负债率	67	0.0214	5.4017	0.7459	0.7287
净资产收益率	67	−3.8688	3.9175	0.0551	0.7083
主营业务收入平均增长率	67	−33.3306	45.0020	0.8788	7.5418
总资产周转率	67	−0.0749	14.6373	1.3557	2.5329
现金净利比	67	−43.7640	5593.5343	96.3586	684.5436
资产对数	67	5.0034	25.3666	18.7956	3.1477

从上表中可以看出，因变量环境会计信息披露指数为 0.1493，相比较 2008 年的 0.1169，还是有很大程度提高的，说明企业的环境保护意识是逐步增强的，意识到了可持续发展的重要性。但是企业在个别自变量的指标上面差异比较大，如现金净利比指标，相差几千倍，可见企业之间确实在现金实力方面悬殊太大，这样可能会影响最终的评价结果。

3) 2010 年样本数据的描述性统计分析

表 4—56 2010 年数据的描述性统计结果

变量	N	极小值	极大值	均值	标准差
环境会计信息披露指数	67	0.0000	0.6667	0.2090	0.1637
资产负债率	67	0.0252	5.5096	0.7424	0.7554
净资产收益率	67	-0.6183	0.5686	0.0959	0.1978
主营业务收入平均增长率	67	-87.1820	3.4523	-1.6749	11.5507
总资产周转率	67	-8.5989	22.4066	1.5650	4.1822
现金净利比	67	-6617.2053	586.2493	-94.9354	812.6805
资产对数	67	10.2314	25.6239	19.0956	2.5415

111

从表 4—56 可以看出，因变量值从 2008 年的 0.1169、2009 年的 0.1493，上升到 2010 年的 0.2090，即上升比例从 21.7%（2009 年相比较 2008 年），上升到 78.8%（2010 年相比较 2008 年），上升的比例相比较 2009 年高出很多。这也从一个侧面说明了低碳经济对企业的影响，即促使陕西省的非上市公司采取不同于上市公司的披露方式来披露相应的内容，虽然披露的内容可能使大多数的利益相关者不能直接获得相应的信息，但是在一定程度上可以看出企业社会责任的履行情况。

在自变量的表现上，现金净利比这个指标相差还是如同 2008 年和 2009 年一样，企业间相差比较大，这也充分说明了企业应该注意自身的现金实力的提高，因为现金实力的强弱也是利益相关者可能普遍关心的问题，如果现金实力不是很强，企业融资的问题可能受到一定程度的影响，企业更不会在多个方面来反映环境会计信息内容。至于其他的自变量指标在 2010 年相差不是很大，表现比较平稳，这说明了在经历金融危机的影响后，企业正处于不断的恢复阶段。

（2）2008 ～ 2010 年样本的检验结果分析

为了验证自变量对环境会计信息披露指数影响是否显著，各自变量与因变量之间是否存在正相关关系，以及验证在低碳经济影响下的环境会计信息披露指数受哪些因素的影响较大，对 2008 年至 2010 年的样本数据进行了回归分析检验，具体检验的结果如表 4—57 至表 4—64 所示。

(3) 2008 年样本数据的回归分析与检验结果解释

通过将 2008 年的因变量（环境会计信息披露指数）与 6 个自变量均代入多元线性回归模型中进行了检验，检验结果如表 4—57 与表 4—58 所示：

表 4—57　模型判定系数

R	R 方	调整 R 方	标准估计的误差	杜宾值
0.687	0.440	0.283	0.213	1.988

表 4—58　2008 年样本回归系数

	非标准化系数		标准系数	t	Sig.	共线性统计量	
	B	标准误差	试用版			容差	VIF
（常量）	0.000	0.119		0.000	1.000		
资产负债率	−0.095	0.122	−0.095	−0.779	0.439	0.966	1.036
净资产收益率	0.070	0.124	0.070	0.967	0.044	0.929	1.076
主营业务收入平均增长率	−0.012	0.125	−0.012	−0.093	0.926	0.915	1.093
总资产周转率	−0.131	0.124	−0.131	−1.056	0.295	0.933	1.072
现金净利比	0.175	0.123	0.175	1.421	0.160	0.945	1.058
资产对数	0.305	0.131	0.305	2.330	0.023	0.835	1.198

从表 4—57 可以看出，调整后的判定系数为 0.283，不是很大，但有一定的显著性。说明回归的模型虽然对环境信息披露的效应有一定的解释性，但解释性并不是很高，这可能与样本量有关。杜宾值在 2 的附近，说明该模型不存在自相关。通过表 4—58 可以看出，6 个指标的显著性不是很高，其中只有资产对数是显著的，净资产收益率也较为显著，其他四个指标均不显著，可以说明财务指标在披露环境会计信息企业和未披露环境会计信息企业之间不存在显著差异。从容忍度与方差膨胀因子的结果来看，方差膨胀因子均小于 10，并且均小于 2（远远小于 10），这说明各变量之间的共线性较弱，几乎不存在多重共线性问题，即不存在

信息重叠的现象，利用这些解释变量得出的结果具有可信性。另外，其中资产负债率、主营业务收入增长率和总资产周转率与因变量之间是负相关关系，不支持原假设。可能的原因，从对 2008 年的整体数据特征描述来看，主营业务收入增长率在不同企业间差别较大，这肯定会影响其显著性和正相关关系。

(4) 2009 年样本数据的回归分析与检验结果解释

将因变量环境会计信息披露指数与 6 个自变量（即 2009 年的样本数据）代入多元线性回归模型，得到了 2009 年的多元回归模型判定系数和回归结果，具体见表 4—59 与表 4—60。

表 4—59 模型判定系数

R	R 方	调整 R 方	标准 估计的误差	Durbin-Watson
0.674	0.440	0.254	0.232	1.964

表 4—60 2009 年样本回归系数

	非标准化系数		标准系数	t	Sig.	共线性统计量	
	B	标准误差	试用版			容差	VIF
（常量）	0.000	0.119	—	0.000	1.000	—	—
资产负债率	−0.143	0.126	−0.143	−1.130	0.263	0.898	1.113
净资产收益率	0.017	0.121	0.017	0.142	0.887	0.982	1.018
主营业务收入平均增长率	−0.135	0.126	−0.135	−1.071	0.288	0.904	1.106
总资产周转率	−0.014	0.122	−0.014	−0.113	0.910	0.965	1.037
现金净利比	0.122	0.121	0.122	1.011	0.049	0.979	1.021
资产对数	0.262	0.122	0.262	2.143	0.036	0.961	1.041

从表 4—59 可以看出，调整后的判定系数为 0.254，不是很大，但有一定的显著性。说明回归的模型虽然对环境信息披露的效应有一定的解释性，但解释性并不是很高，这可能与样本量有关。杜宾值在 2 的附近，说明该模型不存在自相关。通过表 4-60 可以看出，6 个指标的显著性不是很高，其中资产对数是显著的，从容忍度与方差膨胀因子的结果来看，方差膨胀因子均小于 10，并且均小于 2（远远小于 10），这说明各变量之间的共线性较弱，几乎不存在多重共线性问题，即不存在信息重叠的现象，利用这些解释变量得出的结果具有可信性。2009 年

的回归结果与 2008 年相比较变化如何，具体见表 4—61。

表 4—61 2008 年与 2009 年多元线性回归结果统计

自变量	2009 年样本			2008 年样本		
	Sig.	判定	符号	Sig.	判定	符号
资产负债率	0.439		−	0.263		−
净资产收益率	0.044	*	+	0.887		+
主营业务收入平均增长率	0.926		−	0.288		−
总资产周转率	0.295		−	0.910		−
现金净利比	0.160		+	0.049	*	+
资产对数	0.023	*	+	0.036	*	+

从上表可以看出，2009 年与 2008 年回归结果相同的是资产负债率、主营业务收入平均增长率和总资产周转率与环境会计信息披露指数因变量之间依然呈负相关关系，不支持原假设。可能的原因是由于被调研的企业之间在偿债能力、发展能力和营运能力方面差异较大导致的。另外，在 2009 年影响显著的指标为资产对数和现金净利比，可见公司的规模和现金的实力在一定程度上更多地影响着企业披露环境会计信息的多少。

(5) 2010 年样本数据的回归分析与检验结果解释

为了检验在低碳经济背景下企业披露环境会计信息的程度，本研究也特别的将 2010 年的 67 份有效问卷的数据，即 67 家公司的有效数据代入模型，进行多元线性回归模型的检验，其目的是试图比较在 2008 年、2009 年与 2010 年环境会计信息披露的程度是否受到低碳经济背景下的相关政策的影响，具体模型判定系数与样本回归系数如表 4—62 和表 4—63 所示。

表 4—62 模型判定系数

R	R 方	调整 R 方	标准估计的误差	Durbin-Watson
0.772	0.519	0.329	0.902	1.711

表 4—63 2010 年样本回归系数

	非标准化系数		标准系数	t	Sig.	共线性统计量	
	B	标准误差	试用版			容差	VIF
（常量）	0.000	0.122		0.000	1.000		
资产负债率	0.064	0.128	0.064	0.497	0.044	0.921	1.086
净资产收益率	-0.075	0.140	-0.075	-0.534	0.596	0.773	1.293
主营业务收入平均增长率	0.075	0.126	0.075	0.598	0.038	0.961	1.041
总资产周转率	-0.114	0.141	-0.114	-0.811	0.421	0.768	1.302
现金净利比	-0.124	0.124	-0.124	-0.995	0.324	0.983	1.017
资产对数	0.254	0.136	0.254	1.865	0.067	0.816	1.225

从表 4—62 可以看出，调整后的判定系数为 0.329，不是很大，但有一定的显著性。说明回归的模型虽然对环境信息披露的影响效应有一定的解释性，但解释性并不是很高，这可能与样本量有关。杜宾值在 2 的附近，说明该模型不存在自相关。从容忍度与方差膨胀因子的结果来看，方差膨胀因子均小于 10，并且均小于 2（远远小于 10），这说明各变量之间的共线性较弱，几乎不存在多重共线性问题，即不存在信息重叠的现象，运用这些解释变量得出的结果可信度较高。但是，在 2010 年中净资产收益率、总资产周转率和现金净利比与因变量之间呈负相关关系，也就是说不支持原假设。其中的现金净利比这个指标之所以出现负相关，可以从 2010 年整体数据特征描述来寻找原因，即现金净利比在不同企业间的差别过大导致的。至于净资产收益率和总资产周转率出现负相关的结果，可能与样本量不够有关，还可能与国有企业间在这两个指标上的差异较大有关。

（6）三年样本数据的回归分析与检验结果解释

为了进一步比较低碳经济对环境会计是否造成一定的影响，最终将 2008 年、2009 年与 2010 年的回归结果进行对比分析，以期找到影响的方面及原因，关于 2008 ~ 2010 年的最终回归结果如表 4—64 所示。

表 4—64 多元线性回归结果

自变量	2010 年样本			2009 年样本			2008 年样本		
	Sig.	判定	符号	Sig.	判定	符号	Sig.	判定	符号
资产负债率	0.044	*	+	0.439		—	0.263		—
净资产收益率	0.596		—	0.044	*	+	0.887		+
主营业务收入平均增长率	0.038	*	+	0.926		—	0.288		—
总资产周转率	0.421		—	0.295		—	0.910		—
现金净利比	0.324		—	0.160		+	0.049	*	+
资产对数	0.067	*	+	0.023	*	+	0.036	*	+

从回归的结果来看，2010 年 6 个变量中有 3 个自变量是显著影响因变量的，分别为资产负债率、主营业务收入平均增长率和资产对数，而 2009 年和 2008 年显著影响的指标分别只有 2 个，从显著性影响指标数量，我们可以看出在一定程度上低碳经济对陕西省企业环境会计信息披露的影响。

1) 偿债能力方面：在 2010 年低碳经济大背景下，陕西省范围内的企业环境会计信息披露程度受到了偿债能力的显著影响，并且影响关系是正向影响关系，与 2008 年和 2009 年相反，2010 年的回归结果与预期假设相一致，即得出的结论是支持原有假设 H1。这说明在低碳经济背景下，陕西省范围内的企业环境会计信息披露程度受到偿债能力影响较大，也就是说企业偿债能力越强，披露的环境会计信息就越多。这可能与被调查企业的特点有关系，一方面的原因是被调研的企业大部分是重污染企业，另一方面原因可能是它们大多数属于国有企业。在一定程度上的融资可能不像大部分上市公司一样可以发行股票，它可能会向银行等金融机构借款，由此这些利益相关者必然会很关注企业，这样企业必然会采取自己的方式来披露环境会计信息。

2) 盈利能力方面：在 2010 年和 2008 年的盈利能力方面，该指标的影响均不显著，而只有 2009 年的影响是显著的。并且在 2008 年和 2009 年该指标对陕西省企业的影响是正向相关关系，但是在 2010 年的低碳经济下，这一指标的关系却表现为与环境会计信息披露是负向相关关系，也就是说与预期假设不一致，不支持原假设 H2。这就说明了在 2010 年，企业盈利能力越强，企业就会越考虑采用自己的方式披露环境会计信息可能给自己带来的影响，当然我们也应该看到企业选择这样做的原因还可能是 2010 年企业处于后金融危机时代的恢复期，这样企业会顾虑环境会计相关信息披露的内容。

3）成长能力方面：在成长能力方面，依然采用了与评价上市公司一样的修正指标，即主营业务收入平均增长率，该指标在 2010 年对陕西省企业环境会计信息披露影响是显著的，而 2008 年和 2009 年均不显著。除此之外，该指标在 2010 年对陕西省企业环境会计信息披露是正向影响关系，与原有假设结果一致，即支持原假设 H3，而在 2008 年和 2009 年影响关系是负向相关关系。由此我们不得不承认在 2010 年低碳经济的影响下，在一定程度上对陕西省企业环境会计信息披露的重要影响，被调研的企业大多数都是经营年限超过 10 年的企业，这样企业大多数都处于成长期，这样企业在国家大的背景影响下，必然会比经营时期比较短的企业更加重视环境会计信息披露的问题。因此，该指标在低碳经济下表现非常的显著，这对陕西省企业的成绩值得肯定。

4）营运能力方面：关于营运能力方面，从上面的回归结果来看，在 2008—2010 年，对陕西省企业环境会计信息披露影响均不显著，并且影响方向是负向关系，这与原有假设结果不一致，即不支持原假设 H4。这说明了针对企业各项资产的营运能力强弱似乎对陕西省企业环境会计信息影响不够显著，也就是说不能从营运能力的强弱过多地看出其披露信息的好坏，我们只能大体得出的结论是企业营运能力越强，披露的环境会计信息反而越少。

5）现金实力方面：本研究选择的现金实力指标，依然是通过统计分析方法筛选得到的，即还是为现金净利比，从这一指标所反映的结果来看，只有在 2008 年该指标影响是显著的，而在 2009 年和 2010 年该指标影响均不是很显著，这可能跟企业受金融危机影响有关。而该指标在 2010 年对陕西省企业环境会计信息披露影响是负向关系，与预期结果不相同，因此不支持原假设 H5。但是在 2008 年和 2009 年的影响关系均是正向关系，我们可以推断的原因是 2010 年低碳经济下虽然对重污染类企业有影响，但是我们也不能忽视 2010 年为后金融危机时代，企业对现金的需求量会更大。企业正处于恢复发展时期，现金实力即使很强，也会顾虑到金融危机对企业的影响，这样必然会影响环境会计信息披露的多少。

6）企业规模方面：从企业规模的角度来看，该指标在 2008—2010 年的影响均是显著的，说明企业规模的大小确实影响到了环境会计信息披露的多少。并且该指标在三年中的影响方向均是正向的，与预期假设结果相一致，即支持原假设

H6。也就是说，不论是否受到低碳经济的影响，企业规模越大，利益相关者对该企业的关注越多，这样企业必然会选择用自己的方式披露更多的环境会计信息。

4.4.7 小结

通过向陕西省范围内发放调查问卷的形式，来考察大多数的非上市公司披露环境会计信息情况及影响因素，通过有效设计问卷和回收问卷，最终得到了被调研企业 2008—2010 年的环境会计信息及财务相关数据，最终通过实证研究得出以下结论：

第一，运用单因素方差分析方法科学确定了营运能力和现金实力的代表性指标，分别为总资产周转率和现金净利比，这为后面的实证研究奠定了坚实的基础。

第二，在不同年份中，影响因素的表现不尽相同。在 2010 年的检验结果中有三个因素影响较为显著，分别为资产负债率、主营业务收入平均增长率和资产对数，其在 2008 年（现金净利比和资产对数）和 2009 年（净资产收益率和资产对数）影响因素分别只有两个，可见，低碳经济在一定程度上对陕西省企业环境会计信息披露的影响。但是综合可以看出，企业规模因素在三年表现均比较突出。

第三，在 2008—2010 年的假设检验结果中，都分别有三个检验结果支持原有假设（2008 年的净资产收益率、现金净利比和资产对数；2009 年的净资产收益率、现金净利比和资产对数；2010 年的资产负债率、主营业务收入平均增长率和资产对数），均与环境会计信息披露是正相关关系。

总之，作为非上市公司来讲，为实现长远的发展目标和发展战略，应该更多地考虑提高自身的盈利能力、偿债能力和发展能力，而这些能力的提高必然也使得企业自愿披露环境会计信息，以得到更多利益相关者的支持，最终实现企业的可持续发展。同时，这些企业也应该与上市公司一样，也要适当地扩大企业的规模，实现规模效应，提高企业市场竞争能力，实现企业的长远发展。当然，由于规模的扩大，也必然会受到各方的关注，这样也会无形中提高企业的环境会计信息披露比例，从而实现企业与社会的双赢。

5 丝绸之路经济带环境会计信息披露区域性研究——以西北五省为例

5.1 西北地区上市公司环境会计的实施现状

5.1.1 我国实施环境会计的必要性

2012 年，我国环境质量总体保持平稳：地表水总体为轻度污染；海洋环境质量总体较好，近岸海域水质一般；城市环境空气质量总体稳定，酸雨分布区域无明显变化；城市区域噪声环境质量和道路交通噪声基本保持稳定；辐射环境质量总体良好。

（1）2012 年大气环境总体质量状况及废气中主要污染物排放量

①按照《环境空气质量标准》（GB3095—1996），对 325 个地级及以上城市（含部分地、州、盟所在地和直辖市，以下简称地级以上城市）和 113 个环境保护重点城市（以下简称环保重点城市）的二氧化硫、二氧化氮和可吸入颗粒物三项污染物进行评价，结果表明：2012 年，全国城市环境空气质量总体保持稳定。全国酸雨污染总体稳定，但程度依然较重。

酸雨频率：2012 年，监测的 466 个市（县）中，出现酸雨的市（县）有 215 个，占 46.1%；酸雨频率在 25% 以上的有 133 个，占 28.5%；酸雨频率在 75% 以上的有 56 个，占 12.0%。

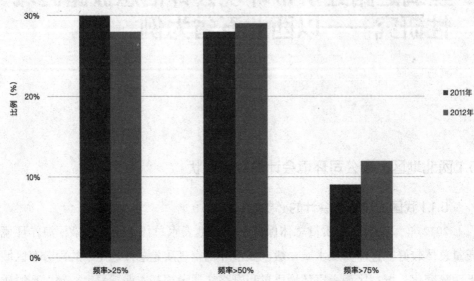

数据来源：2012 年中国环境状况公报。

图 5—1 不同酸雨频率的市（县）比例年际变化

②废气中主要污染物排放量

2012 年，全国二氧化硫排放总量为 2117.6 万吨，比上年下降 4.52%；氮氧化物排放总量为 2337.8 万吨，比上年上升 2.77%。

表 5—1 2011 年和 2012 年全国废气中主要污染物排放量

SO_2（万吨）				氮氧化物（万吨）				
排放总量	工业源	生活源	集中式	排放总量	工业源	生活源	机动车	集中式
2217.9	2016.5	201.1	0.3	2404.3	1729.5	37.0	637.5	0.3
2117.6	1911.7	205.6	0.3	2337.8	1658.1	39.3	640.0	0.4

数据来源：2011 年和 2012 年中国环境状况公报。

（2）水环境状况及废水中主要污染物排放量

①淡水环境的状况

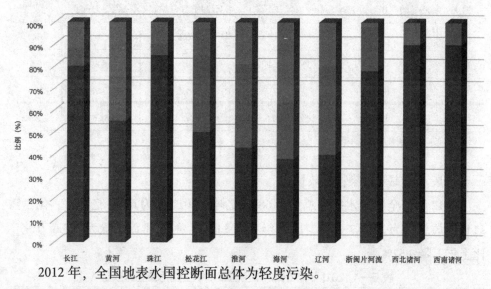

2012 年，全国地表水国控断面总体为轻度污染。

数据来源：2012 年中国环境状况公报。

图 5—2　2012 年十大水系水质类别比例

2012 年，62 个国控重点湖泊（水库）中，Ⅰ～Ⅲ类、Ⅳ～Ⅴ类和劣Ⅴ类水质的湖泊（水库）比例分别为 61.3%、27.4% 和 11.3%。主要污染指标为总磷、化学需氧量和高锰酸盐指数。

121

表 5—2　2012 年重点湖泊（水库）水质状况

湖泊（水库）类型	Ⅰ类	Ⅱ类	Ⅲ类	Ⅳ类	Ⅴ类	劣Ⅴ类
三湖	0	0	0	2	0	1
重要湖泊	2	3	8	12	1	6
重要水库	3	10	12	2	0	0
总计	5	13	20	16	1	7

注：三湖是指太湖、滇池和巢湖。

②海洋环境的状况

2012 年，我国海洋环境质量状况总体较好，近岸海域水质一般。按照近岸海域监测点位代表面积计算，其中，一类海水面积为 94437 平方千米，二类为 108360 平方千米，三类为 24565 平方千米，四类为 9655 平方千米，劣四类为 43995 平方千米。

表5—3 2012年入四大海区入海河流排污染物排放情况

海区	高锰酸盐指数（万吨）	氨氮（万吨）	石油类（万吨）	总氮（万吨）	总磷（万吨）
渤海	7.1	1.6	0.2	5.0	0.3
黄海	23.4	2.4	0.3	8.8	0.5
东海	306.1	37.7	4.2	272.8	26.9
南海	103.7	20.6	1.5	82.8	3.9

数据来源：2012年中国环境状况公报。

③废水中主要污染物排放量

2012年，全国废水排放总量为684.6亿吨（2011年为652.1亿吨），化学需氧量排放总量为2423.7万吨，比上年下降3.05%；氨氮排放总量为253.6万吨，比上年下降2.62%。

表5—4 2011年与2012年全国废水中主要污染物排放量

海区	高锰酸盐指数（万吨）	氨氮（万吨）	石油类（万吨）	总氮（万吨）	总磷（万吨）
渤海	7.1	1.6	0.2	5.0	0.3
黄海	23.4	2.4	0.3	8.8	0.5
东海	306.1	37.7	4.2	272.8	26.9
南海	103.7	20.6	1.5	82.8	3.9

数据来源：2011年和2012年《中国环境状况公报》。

（3）2012年固体废物排放及利用的状况

2012年，全国工业固体废物产生量为329046万吨，综合利用量（含利用往年储存量）为202384万吨，综合利用率为60.9%。

表5—5 2011年和2012年全国工业固体废物产生及利用情况

产生量（万吨）	综合利用量（万吨）	综合利用率（%）
325140.6	199757.4	60.5
329046	202384	60.9

数据来源：2011年和2012年的中国环境状况公报。

综上所述，从2012年我国的主要污染物状况、空气质量状况、水质量状况和固定废物排放及利用状况来看，虽然在整体环境治理等方面取得了显著的成效，但是我国的环境状况依然不容乐观，问题仍然存在。我国的环境状况仍然值得我们高度关注，环境保护的力度依然需要进一步加强。正是由于这种严重的环境形势，就要求每个企业在利用资源获得经济收益的过程中，应该披露与环境会计相关的会计信息。也就是说，必须在会计核算中将环境相关的要素进行确认和计量，这样才能有效地控制好资源的利用情况，也能有效地了解资源的消耗情况，也让企业承担起应有的社会责任。因此，现有的我国严峻的环境状况也迫切要求加快实施环境会计。

5.1.2 西北地区环境会计的实施必要性分析

（1）环境会计是低碳经济发展要求

随着全球人口和经济规模的不断增长，全球气候变暖等问题对人类的生存与发展提出了严峻的挑战。能源的使用所带来的环境问题及其原因不断地为人们所认识，对于环境的污染不仅仅是烟雾、酸雨和光化学烟雾，而大气中的二氧化碳（CO_2）浓度升高带来的全球气候变化，已经被确认为不争的事实。一位气候中心的工作人员感叹道，"现在的天气预报工作越来越难做了。怪异的天气总是违反规律，让人难以捉摸，以前所谓的规律总是被现实改变。每一次准确的预报，都凝结着气象预报员的智慧和汗水"。除了干旱、气候反常、全球变暖之外，居住环境恶化、水资源短缺、经济损失加剧、海平面上升、人类健康受到威胁、物种变化加剧等众多问题都亟待解决。

目前，低碳经济能够成为热点的问题被讨论，其实应该是意料之中的事情。内外因的综合作用，正不断地推动着我国走向低碳经济的时代。今年世界环境日6月5日，中国的主题就是"低碳减排，绿色生活"，因此作为具有代表性的西北五省，必须肩负起应有的责任与使命，共建我们的绿色家园。而环境会计作为会计的一个新兴分支，它以可持续发展思想为指导，在借鉴环境经济学和环境科学等相关学科的方法的基础上，以相关环境法律、法规为依据，促进了资源进行合理的分配，最终实现社会效益的整体效益的最大化。"低碳经济"的发展为西北地区环境会计的研究和实施注入强大的动力，将极地大促进环境会计在西北地区的发展。首先，西北地区通过核算企业的社会资源成本实施环境会计，能较准确地反映西北地区国民生产总值和企业生产成本，促进西北地区企业挖掘内部潜力，维护社会资源环境。其次，近年来西北地区经济的发展及人民需求的多元化，需要企业将过去单纯追求经济发展速度和效益转变为追求经济、社会、自然环境协调发展，同时必须承担社会责任，对企业有关的资源环境、废弃物以及与生态环境的关系等进行反映和控制，计算和记录企业的环境成本和环境效益，向外界提供企业社会责任履行情况的信息。最后，西北地区发展环境会计是正确核算企业经营成果、准确分析企业财务风险、全面考核经营管理者业绩的需要。因此，在低碳经济的促使下西北地区实施环境会计显得尤为重要。

(2) 西北地区严峻环境形势促进环境会计的实施

由于我国长期以来以粗放型生产方式为主，导致了企业片面地强调追求经济利益的高速增长，忽视了环境的保护。从西北地区的企业来看，同全国其他省份的企业一样，由于西北地区资源比较丰富，大多数的企业为了追求高额的利润，不注重对资源的保护，从而对西北地区的环境造成了很大的影响。从 2011 年由西北五省环保厅发布的环境状况公报可以看出，西北地区环境污染均比较严重，废水、废气及主要污染物的排放量比较大。2012 年西北五省空气质量、河水水质污染情况、废水、废气及主要污染物的统计数据如下：

1) 各省城市空气质量状况

①陕西省城市空气质量。2012 年陕西省环境质量同比略有好转。十个设区市行业杨凌示范区空气质量优良天数为 306~359 天。17 个开展环境空气质量监测的城市（县、区）中，铜川、宝鸡、咸阳、渭南、延安、汉中、安康、商洛、榆林、三原、略阳和杨凌环境空气质量达到国家环境质量二级年均值标准；西安、耀州、韩城、兴平和华阴环境空气质量超标。空气中主要污染物二氧化硫、二氧化氮和可吸入颗粒物平均浓度同比略有下降，自然降尘量同比持平，酸雨频率同比略有下降，沙尘强度和频次均有所下降。

表 5—6 城市空气质量优良天数

单位：天

年度(年)	城市	西安	渭南	咸阳	铜川	延安	宝鸡	汉中	安康	商洛	榆林	杨凌
2011	优良天数	305	314	318	328	316	317	344	362	351	334	314
	优良率(%)	83.6	86	87.1	89.9	86.6	86.8	94.2	99.2	96.2	91.5	86
2012	优良天数	306	310	317	329	314	314	340	359	351	335	315
	优良率(%)	83.6	84.7	86.6	89.9	85.8	85.8	92.9	98.1	95.9	91.5	86.1

数据来源：根据 2011 年和 2012 年《陕西省环境状况公报》整理得到的数据。

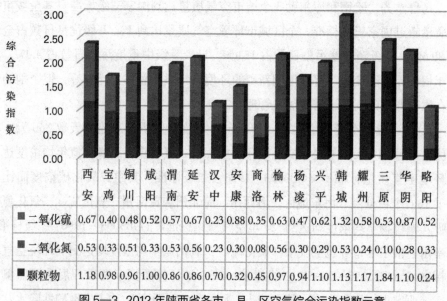

	西安	宝鸡	铜川	咸阳	渭南	延安	汉中	安康	商洛	榆林	杨凌	兴平	韩城	耀州	三原	华阴	略阳
■二氧化硫	0.67	0.40	0.48	0.52	0.57	0.67	0.23	0.88	0.35	0.63	0.47	0.62	1.32	0.58	0.53	0.87	0.52
■二氧化氮	0.53	0.33	0.51	0.33	0.53	0.56	0.23	0.30	0.08	0.56	0.30	0.29	0.53	0.24	0.10	0.28	0.33
■颗粒物	1.18	0.98	0.96	1.00	0.86	0.86	0.70	0.32	0.45	0.97	0.94	1.10	1.13	1.17	1.84	1.10	0.24

图 5—3　2012 年陕西省各市、县、区空气综合污染指数示意

②宁夏城市空气质量。全区 5 个地级城市环境空气优良天数比例均达到
88% 以上，平均优良天数为 329 天，比例为 89.9%，同比增加 3 天。银川市优良
天数 329 天，比例为 89.9%，同比减少 4 天；石嘴山市优良天数 323 天，比例为
88.3%，同比增加 1 天；吴忠市优良天数 332 天，比例为 90.7%，同比增加 7 天；
固原市优良天数 337 天，比例为 92.1%，同比增加 1 天；中卫市优良天数 326 天，
比例为 89.1%，同比增加 10 天。而影响全区城市环境空气质量的首要污染物是可
吸入颗粒物，其污染天数占总污染天数的 72.1%，二氧化硫占 27.9%。

表 5—7　2012 年宁夏地级城市环境空气质量优良天数

城市	银川市	石嘴山市	吴忠市	固原市	中卫市
优良天数（天）	329	323	332	337	326
比例（%）	89.9	88.3	90.7	92.1	89.1

数据来源：根据 2012 年《宁夏环境状况公报》整理得到的数据。

③新疆城市空气质量。2012 年，全区城市环境空气污染在采暖季以煤烟型
污染为主，非采暖季受沙尘影响较大。首要污染物为可吸入颗粒物。全区监测的
19 个城市中，阿勒泰市空气质量达到国家一级标准；克拉玛依、伊宁、塔城、博乐、
昌吉、奎屯、乌苏、阜康、石河子和五家渠 10 个城市空气质量达到国家二级标

准；乌鲁木齐、哈密和库尔勒3个城市空气质量达到国家三级标准；其余城市空气质量超过国家三级标准。全区城市环境空气质量达到Ⅰ、Ⅱ级优良日数占全年的80.6%，Ⅲ级轻微度污染日数占15.4%，Ⅳ、Ⅴ级中重度污染日数占4.0%，与上年相比无显著变化。可以说明新疆的环境空气质量总体上比较好，但个别的仍存在比较严重的问题，需要加强管理。

④青海城市空气质量。2012年西宁市环境空气质量总监测天数366天，其中优良天数316天，与去年持平。环境空气中二氧化硫、二氧化氮年均浓度达到《环境空气质量标准》（GB3095—1996）二级标准，其中二氧化硫浓度同比下降了18.6个百分点。海东地区、海西州、海北州和黄南州二氧化硫、二氧化氮、可吸入颗粒物年均浓度均达到《环境空气质量标准》（GB3095—1996）二级标准；海南州、格尔木市环境空气中二氧化硫、二氧化氮年均浓度均达到《环境空气质量标准》（GB3095—1996）二级标准。2012年，按照国家要求开展酸雨监测的地区（西宁市、格尔木市、德令哈市、西海镇和大通县）均未出现酸性降水。青海的空气质量问题不太严重，需要保持。

⑤甘肃城市空气质量。全省14个城市空气质量达到二级标准的有12个，占85.7%；嘉峪关、金昌、天水、平凉、庆阳、定西、武威、张掖、陇南、合作、酒泉、临夏空气质量为二级；兰州、白银空气质量为三级。进一步加大重点区域城市大气污染防治力度，强力实施工业烟粉尘污染综合整治。兰州市淘汰永登祁连山水泥有限公司3#、4#、5#、6#湿法水泥窑等29家计790余台（套）落后生产设备及生产线，白银市依法关闭白银奥星化工公司和白银乾汇源工贸有限公司硫酸生产线。兰州市在2012年冬季采暖期对167家重污染企业采取了停产限产措施，启动了56家工业企业"出城入园"搬迁工作；白银市开展石料厂环境综合整治专项行动和砖瓦企业环境污染专项整治行动，对12家石料厂与砖瓦企业进行限期整改。

表5—8 甘肃城市空气质量级别

城市	空气质量级别			城市空气质量
	二氧化硫	二氧化氮	可吸入颗粒	
兰州	达标	达标	超二级	三级
金昌	达标	达标	达标	二级
嘉峪关	达标	达标	达标	二级
白银	达标	达标	超二级	三级
定西	达标	达标	达标	二级

城市	空气质量级别			城市空气质量
	二氧化硫	二氧化氮	可吸入颗粒	
平凉	达标	达标	达标	二级
武威	达标	达标	达标	二级
张掖	达标	达标	达标	一级
酒泉	达标	达标	达标	二级
天水	达标	达标	达标	二级
庆阳	达标	达标	达标	二级
陇南	达标	达标	达标	二级
临夏	达标	达标	达标	二级
合作	达标	达标	达标	二级

资料来源：根据2012年《甘肃环境状况公报》整理得到的数据。

综合西北五省的城市空气质量的状况，可以明显看出，这几个省都存在一定的空气质量问题，但各省份都采取了相应有效的措施来缓解了空气的质量，比如青海西宁市就采取了有效的措施，其环境空气质量按《环境空气质量标准》（GB3095—1996）监测评价，优良天数316天，空气质量与去年持平。环境空气中二氧化硫、二氧化氮年均浓度达到《环境空气质量标准》（GB3095—1996）二级标准，应该继续保持并进一步提高其空气质量，有些省份的空气质量问题，政府需要采取合理有效的方法解决，争取使空气质量达到优。

2）部分省份三废排放情况

①废水及主要污染物状况

表5—9　2012年甘肃省废水及主要污染物排放量统计

年度	废水排放量（亿吨）			化学需氧量排放量（万吨）			氨氮排放量（万吨）		
	合计	生活	工业	合计	生活	工业	合计	生活	工业
2012	6.28	4.36	1.92	24.29	14.99	9.30	3.52	2.13	1.39

资料来源：根据2012年《甘肃环境状况公报》整理得到的数据

甘肃：由表5—9可以看出，甘肃的废水排放量中的化学需氧量排放量与氨氮排放量相差很大，对于化学需氧量的排放量来说，工业排放的比生活排放的相对要多一些，对于氨氮排放量生活排放的相对要多一些。总体来看，生活废水排放量比工业要多一半，因此，要加强对生活排放量的监管。

表 5—10 2012 年青海废水及主要污染物的排放情况统计

单位：万吨

	废水排放量				化学需氧量排放量					氨氮排放量				
	合计	工业	生活	集中式	合计	工业	生活	农业源	集中式	合计	工业	生活	农业源	集中式
排放量	21994	8917	13071	7	10.37	4.18	3.75	2.24	0.20	0.98	0.20	0.67	0.09	0.01
比例	100%	40.5%	59.4%	0.01%	100%	40.3%	36.1%	21.6%	1.9%	100%	20.8%	68.8%	9.1%	1.3%

资料来源：根据 2012 年《青海环境状况公报》整理得到的数据。

青海：由表 5—10 可以看出，2012 年青海废水排放总量中生活废水排放量比较大，占到 50% 以上，其中化学需氧量排放量中的工业、生活排放量相差不多，集中式排放量比较少。废水中氨氮排放量中的生活排放量比较大，占到一半多，其次是工业的排放量。

总体来说，青海的废水污染物排放量比甘肃要少很多，大体上来讲，都是生活废水排放量比较多，化学需氧量排放量中两省的工业排放和生活排放都相差不多，氨氮排放量也是生活排放比较多，两省的废水中的主要污染物的排放一般都是生活和工业排放的，应该采取多项措施治理废水，加大废水治理强度。

②废气中主要污染物状况

表 5—11 2012 年甘肃废气及主要污染物排放量统计

二氧化硫排放量			生活氮氧化物排放量	工业粉尘排放量
合计	生活	工业		
57.23	9.24	47.99	1.44	15.67

资料来源：根据 2012 年《甘肃环境状况公报》整理得到的数据。

表 5—12 2012 年青海废气及主要污染物排放量统计

二氧化硫排放量（万吨）			氮氧化物排放量（万吨）			
合计	生活	工业	合计	工业	生活	机动
15.39	2.48	12.91	12.61	8.80	0.56	3.25

资料来源：根据 2012 年《青海环境状况公报》整理得到的数据。

甘肃：从表 5—11 可以看到，甘肃废气中二氧化硫排放量比较大，工业排放量比生活的排放量要大很多，生活氮氧化物排放量很少，而工业粉尘排放量很大。因此，要对工业的二氧化硫及工业粉尘排放量进行管理，减少有害气体的排放量。

青海：从表 5—12 可以看到，青海的废气中二氧化硫排放量比氮氧化物排放量多，其中工业中的二氧化硫排放量和氮氧化物的排放量都比生活排放量多。

由以上两个表 5—11 和 5—12 可以看出，甘肃的二氧化硫排放量比青海大很多，因此应该对甘肃省加强废气管理，从而降低二氧化硫的排放量。总体来说，废气的污染物排放量仍不容乐观，需要积极采取相应的有效措施。

③ 工业固体废物产生及处理情况

表 5—13 2012 年甘肃工业固体废物产生及处理情况

产生量（万吨）		储存量（万吨）		综合利用量（万吨）		处置量（万吨）	
固体废物	危险废物	固体废物	危险废物	固体废物	危险废物	固体废物	危险废物
6357	51.26	1008	9.24	3300	26.01	2049	16.01

资料来源：根据 2012 年《甘肃环境状况公报》整理得到的数据。

表 5—14 2012 年青海工业固体废物产生及处理情况

固体废物产生量（万吨）	综合利用量（万吨）	综合利用率
12301	6831	55.5%

资料来源：根据 2012 年《青海环境状况公报》整理得到的数据。

甘肃：通过甘肃工业固体废物产生及处理的情况可以看到，无论产生量还是储存量、综合利用量、处置量都会伴着危险废物排出，且固体废物产生量及储存量远远大于综合利用量或处置量，因此，固定废物的利用处置工作还有待于进一步的加强。

青海：由青海固体废物产生及处理统计表可以看出，固体废弃物综合利用率超过 50%，说明固体废弃物的利用率比较高，其中产生工业固体废物主要行业为化工、有色金属矿采选、煤炭开采和洗选业，其产生量占全省重点调查单位总量的94.3%。

根据上面两个统计表可以看出，青海的固体废物产生量比较多，但固体废物的综合利用率比甘肃大，总体来看，两个省都采取了一定的措施来加强对固体废物的管理，但力度不是很大，需要进一步提高固体废物的综合利用率。

另外，新疆对于污染物的排放作了大体的说明。2012年，自治区人民政府批准实施《新疆维吾尔自治区2012年主要污染物排放总量控制计划》。全区化学需氧量、氨氮、二氧化硫排放总量控制在年度总量控制计划之内。全区工业固体废物综合利用率为48.49%。

陕西省对固体废物也作了说明。2012年全省1735家企业进行了工业固体废物申报登记，重点监控危险废物产生企业271家。组织开展执法检查，重点检查基础化学原料制造业、石油天然气开采加工及炼焦制造业、有色金属冶炼业等行业，检查企业98家，检查现场126个，对发现违法问题的44家企业立案处罚。督促加快危险废物和医疗废物处置项目建设步伐，汉中市和省危险废物集中处置中心2个危险废物集中处置项目投入试运行，西安、渭南、延安3个医疗废物集中处置项目通过验收正式运行。说明政府采取了一定的有效措施，固体废物通过一系列的方式得到了一定的利用，应该继续加强对固体废物的综合利用，争取最大限度地使固体废物得到充分利用。

综上所述，虽然在原公报显示较以前年度西北五省主要污染物排放总量持续下降，但是与其他省份相比环境状况依然不容乐观，虽然在多年的环境保护工作中取得了一定的成效，但问题仍然存在，环境状况仍然是值得关注的问题，环境保护的力度必须进一步加强。据资料显示，西北五省大部分企业长期以来并没有把对环境的消耗考虑到成本核算中，也没有通过具体的数字显示出污染的危害程度。但是，资源的数量是有限的，逐年的消耗量不断增加，这样的结果使我们认识到环境资源正在面临岌岌可危的局面。企业作为环境问题的主要责任者，需要披露环境管理措施、污染控制、环境恢复、节约能源、废旧原料回收、有利于环保的产品[48]等环境信息，这样才便于政府、社会大众等的监督。将环境成本纳入企业经济分析和决策过程，把环境业绩作为企业业绩考核的指标。督促企业真实、全面、及时地披露环境信息，加强环境管理。因此，西北地区严峻的环境形势促使其有必要实施环境会计。

5.2 西北地区上市公司环境会计信息披露现状——基于年报视角

5.2.1 西北地区上市公司的基本情况

通过巨潮资讯网和国泰安数据库的查询,截至 2012 年 12 月 31 日,西北五省的上市公司有 123 家。通过逐项查询每家上市公司的财务报表及相关报告资料,得到了西北五省上市公司的基本情况。如公司代码、公司名称和所属行业具体如表 5—15 ～表 5—19 所示。

表 5—15 陕西省上市公司样本

序号	代码	名称	序号	代码	名称	序号	代码	名称
1	002673	西部证券	14	000721	西安饮食	27	600217	*ST 秦岭
2	300164	通源石油	15	600185	格力地产	28	600456	宝钛股份
3	300140	启源装备	16	000812	陕西金叶	29	600343	航天动力
4	300116	坚瑞消防	17	600302	标准股份	30	600455	博通暂停
5	300114	中航电测	18	000768	西飞国际	31	600984	*ST 建机
6	300103	达刚路机	19	600707	彩虹股份	32	002109	兴化股份
7	601369	陕鼓动力	20	000563	陕国投 A	33	002149	西部材料
8	601179	中国西电	21	000610	西安旅游	34	600379	宝光股份
9	300023	宝德股份	22	000564	西安民生	35	000561	烽火电子
10	600248	延长化建	23	000516	开元投资	36	601958	金钼股份
11	000837	秦川发展	24	600831	广电网络	37	002267	陕天然气
12	000796	易食股份	25	600706	*ST 长信	38	601012	隆基股份
13	600080	*ST 金花	26	000697	*ST 炼石	39	600893	航空动力

表 5—16 甘肃省上市公司样本

序号	代码	名称	序号	代码	名称	序号	代码	名称
1	600108	亚盛集团	9	600738	兰州民百	17	000995	*ST 皇台
2	600192	长城电工	10	601798	蓝科高新	18	002145	*ST 钛白
3	600307	酒钢宏兴	11	000552	靖远煤电	19	002185	华天科技
4	600311	荣华实业	12	000598	兴蓉投资	20	002219	独一味
5	600354	敦煌种业	13	000779	三毛派神	21	002644	佛慈制药
6	600516	方大炭素	14	000791	西北化工	22	300021	大禹节水
7	600543	莫高股份	15	000929	兰州黄河	23	300084	海默科技
8	600720	祁连山	16	000981	银亿股份			

表5—17 宁夏上市公司样本

序号	代码	名称	序号	代码	名称	序号	代码	名称
1	002457	青龙管业	5	000557	*ST 广夏	9	000635	英力特
2	000962	东方钽业	6	000982	中银绒业	10	000862	银星能源
3	000815	*ST 美利	7	600785	新华百货	11	600146	大元股份
4	000595	*ST 西轴	8	600165	新日恒力	12	600449	宁夏建材

表5—18 青海上市公司样本

序号	代码	名称	序号	代码	名称	序号	代码	名称
1	002646	青青稞酒	5	600117	西宁特钢	9	600381	贤成矿业
2	000792	盐湖股份	6	600714	金瑞矿业	10	601168	西部矿业
3	600771	ST 东盛	7	000606	青海明胶			
4	600243	青海华鼎	8	600869	三普药业			

表5—19 新疆上市公司样本

序号	代码	名称	序号	代码	名称	序号	代码	名称
1	300313	天山生物	14	600084	ST 中葡	27	600581	八一钢铁
2	300159	新研股份	15	000415	渤海租赁	28	600509	天富热电
3	002524	光正钢构	16	600090	啤酒花	29	600251	冠农股份
4	300106	西部牧业	17	600888	新疆众和	30	600425	青松建化
5	002307	北新路桥	18	600778	友好集团	31	600545	新疆城建
6	002302	西部建设	19	600337	美克股份	32	600540	新赛股份
7	000972	*ST 中基	20	000159	国际实业	33	002092	中泰化学
8	600359	*ST 新农	21	000562	宏源证券	34	002100	天康生物
9	600737	中粮屯河	22	600256	广汇股份	35	002202	金风科技
10	600089	特变电工	23	600197	伊力特	36	002205	国统股份
11	600075	新疆天业	24	600339	天利高新	37	002207	准油股份
12	000813	天山纺织	25	600419	ST 天宏	38	600721	百花村
13	000877	天山股份	26	600506	ST 香梨	39	002700	新疆浩源

5.2.2 西北地区上市公司环境会计信息披露状况统计分析

从全国上市公司披露的环境会计信息内容来看，其主要包括两种信息：第一种信息是财务信息（定量信息），如绿化费、排污费、环保投资等；第二种信息是非财务信息（定性信息），如环保奖励或惩罚、环境认证等。通过国泰安数据库，得到了截至 2012 年 12 月 31 日西北五省上市公司数量为 123 家，即陕西 39 家、甘肃 23 家、新疆 39 家、宁夏 12 家、青海 10 家。各省的上市公司中披露环境会计信息的状况并不一致。关于西北地区上市公司整体的披露状况如表 5—20 所示。

表 5—20 2012 年西北上市公司披露环境会计信息的总体情况

省份		披露环境会计 信息的公司	未披露环境会计 信息的公司
陕西	数目	23	16
	比例	59%	41%
甘肃	数目	22	1
	比例	96%	4%
新疆	数目	24	15
	比例	62%	38%
青海	数目	9	1
	比例	90%	10%
宁夏	数目	8	4
	比例	67%	33%

数据来源：通过中国巨潮资讯网自行查阅公司 2012 年的相关资料整理的数据。

（1）西北五省上市公司环境会计信息整体披露情况的分析

根据表 5—20 的数据，勾勒出西北五省整体披露情况统计，如图 5—4 所示。

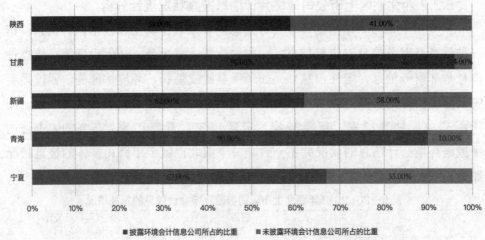

图5—4 西北五省上市公司披露环境会计信息整体情况

由图5—4我们可以看出，2012年西北五省上市公司披露环境会计信息的公司比例差不多，其中披露比例最高的是96%，而陕西和新疆的披露比例差不多，均在60%左右。因此，从整体上来看，西北五省披露的整体比例较高。其原因可能是我国对企业要求履行社会责任的政策对上市公司的影响和推进，上市公司考虑增强投资者的信心和树立良好的形象，也会促使更多的公司参与到自愿披露环境会计信息的行列中来。

(2) 西北五省上市公司披露财务信息与非财务信息情况分析

在前面研究中提到，上市公司目前披露的范围主要集中于两个方面，一个是财务信息，另外一个是非财务信息。通过对西北五省上市公司披露财务信息与非财务信息情况统计，可以发现西北五省上市公司与其他地区上市公司一样，披露较多的是非财务信息，而且西北五省上市公司的财务信息与非财务信息披露的整体比例不算特别高。因此，西北地区的企业应该更多地加大对定量信息即财务信息的披露。

1) 西北地区上市公司环境会计信息披露内容统计分析

纵观全国上市公司的环境会计信息披露的内容，可以发现主要分为两大类：一类是财务信息，如环保投资、环保拨款、补贴和税收减免、排污费、资源费或资源税、绿化费和环保借款、诉讼、赔偿、赔款及奖励等；另一类是非财务信息，如三废收支与节能减排情况、ISO环境认证、企业环境治理及改善状况、企业已通过环境保护措施和方案、一个会计期间耗费的自然资源、国家地方环保政策影响和环保奖励或惩罚等。我国的上市公司环境会计信息披露形式是以自愿性披露方式为主，只有对重污染的企业国家实行了强制性披露，但是强制力度不大。从而导致不同的企业披露环境会计信息的目的不同，如有些企业迫于国家压力披露环境会计信息，有些企业为了声誉等来主动披露环境会计信息。具体每一项的披露情况如表5—21所示。

表5—21 2012年西北地区上市公司环境会计信息披露内容

单位：家

省份	环保借款	环保拨款与补贴等	环保投资	绿化费	排污费	资源费、资源补偿费或资源税等	三废及节能减排情况	ISO等环境认证	企业已通过环境保护措施和方案	环保奖励或惩罚	国家地方环保政策影响
陕西	0	7	7	4	7	4	5	2	1	5	14
甘肃	0	14	4	3	10	8	17	6	3	10	11
新疆	0	6	4	9	3	9	0	11	5	1	7
青海	0	4	5	0	0	2	1	5	4	3	5
宁夏	0	2	2	1	4	2	4	1	0	1	3

从表5—21可以看出，西北地区五省上市公司环境会计信息披露的内容涉及了环保拨款、环保投资、绿化费、资源费、资源补偿费或资源税等方面。从大体上看，似乎披露的项目较多尤其是陕西省和甘肃省上市公司环境会计信息披露的内容比较充分，但是其他各省具体到某个项目上披露的公司数目还是不多。与国内东部地区的上市公司相比较，西北地区上市公司披露的内容存在较大的局限性和不足。

从图5—5我们可以大体看出，2012年西北五省123家上市公司中有很大一部分都顺应发展要求、响应国家和地方号召披露了环境会计信息，尤其是在三废以及节能减排和国家地方环保政策影响这两项披露内容上，有一半左右的上市公司均有披露。这一方面是国家和地方政策强制作用的体现；另一方面反映出西北地区上市公司对于环境会计信息披露的重视。2012年西北五省上市公司受到国家继续提倡的低碳经济的理念和履行社会责任号召的影响，较为充分地披露环境会计信息，在利用资源的同时，也披露了企业对资源的影响情况，以及披露了公司对环境治理方面的投入情况。从各项披露内容的公司数量比较中可以看出，西北五省上市公司中，没有一家公司有环保借款，但是环保拨款和补贴披露的比较多，这反映出西北五省上市公司的环保投入资金大部分来源于政府的投入和企业的剩余资金，大部分上市公司不愿意为了环保方面的投入专门举债借款。

　　另外从图5—5中我们还可以看出，财务信息内容的披露方面，在环保拨款、环保投资、绿化费、排污费、资源税、资源补偿费以及三废节能减排等方面均有体现，尤其是在三废及节能减排上体现尤为集中。而在非财务信息方面主要集中在企业受国家地方环保政策影响和企业已通过环保措施和方案的披露上，尤其是近年来受低碳经济影响，这从一个侧面体现了我国和西北地区较为可行的环保政策的影响，当然从另一个侧面也可以看出企业在低碳经济和提倡履行社会责任的影响下，企业环保意识的增加，环保理念的加强。

单位：家

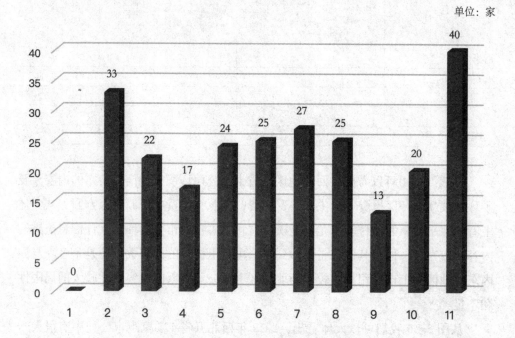

■披露环境会计信息公司所占的比重

注：1. 环保借款 .2. 环保拨款与补贴等 .3. 环保投资 .4. 绿化费 .5. 排污费 .6. 资源费、资源补偿费或资源税等 .7. 三废及节能减排情况 .8.ISO 等环境认证 .9. 企业已通过环境保护措施和方案 .10. 环保奖励或惩罚 .11. 国家地方环保政策影响。

图5—5　2012年西北地区上市公司环境会计信息披露内容比较

　　当然，我们在看到西北地区上市公司披露环境会计信息积极的一面，也应该看到其披露环境会计内容不足的一面。不足主要体现在一方面是环保借款，关于环保借款从图5—5可以看出，2012年西北地区123家上市公司中没有上市公司为了环保去借款，企业大量的借款中不会为了环保而向相关机构贷款，从某种程度上来说，企业的环保意识还不是特别强。另一方面是ISO等环保认证方面，从上图可以看出，西北地区上市公司中获得ISO相关环保认证的公司较2011年比例有所上升，但是总体比例还是不算高，这也能看出履行社会责任的理念和低碳经济观点对企业渗透的程度还是不够深入，有待以后进一步加强。

关于西北地区五省每一家上市公司2012年披露的环境会计信息具体内容如表5—22～表5—27所示，这样有助于了解各个公司披露具体内容的情况。

表5—22　2010年陕西上市公司环境会计信息披露具体内容统计

代码	名称	定量信息							定性信息			
		环保借款	环保拨款与补贴等	环保投资	绿化费	排污费	资源费、资源补偿费或资源税等	三废及节能减排情况	ISO等环境认证	企业已通过环境保护措施和方案	环保奖励或惩罚	国家地方环保政策影响
002673	西部证券	×	×	×	×	×	×	×	×	×	×	×
300164	通源石油	×	×	×	×	×	×	×	√	×	×	√
300140	启源装备	×	√	√	√	×	×	×	×	×	×	×
300116	坚瑞消防	×	×	√	×	×	×	×	×	×	×	√
300114	中航电测	×	×	×	√	×	×	×	×	×	×	×
300103	达刚路机	×	×	×	×	×	×	×	×	×	×	×
601369	陕鼓动力	×	×	×	×	×	×	√	×	√	×	√
601179	中国西电	×	×	×	×	√	×	×	×	×	×	×
300023	宝德股份	×	×	×	×	×	×	×	×	×	×	×
600248	延长化建	×	×	×	×	√	×	×	×	×	×	×
000837	秦川发展	×	×	×	×	√	×	×	×	×	×	×

代码	名称	定量信息							定性信息			
		环保借款	环保拨款与补贴等	环保投资	绿化费	排污费	资源费、资源补偿费或资源税等	三废及节能减排情况	ISO等环境认证	企业已通过环境保护措施和方案	环保奖励或惩罚	国家地方环保政策影响
000796	易食股份	×	×	×	×	×	×	×	×	×	×	×
600080	*ST金花	×	×	×	×	×	×	×	×	×	×	×
000721	西安饮食	×	√	×	×	×	×	×	×	×	×	√
600185	格力地产	×	×	×	×	×	×	×	×	×	×	×
000812	陕西金叶	×	×	×	×	×	×	×	×	×	×	×
600302	标准股份	×	√	×	×	×	×	×	×	×	×	√
000768	西飞国际	×	×	×	×	√	×	×	×	×	×	×
600707	彩虹股份	×	×	√	×	×	×	×	×	×	×	×
000563	陕国投A	×	×	×	×	×	×	×	×	×	×	√
000610	西安旅游	×	×	×	×	×	×	×	×	×	×	×
000564	西安民生	×	×	×	×	×	×	×	×	×	×	×
000516	开元投资	×	√	×	×	×	×	×	×	×	×	√
600831	广电网络	×	×	×	×	×	×	×	×	×	×	×
600706	*ST长信	×	×	×	×	×	×	×	×	×	×	×

代码	名称	定量信息							定性信息			
		环保借款	环保拨款与补贴等	坏保投资	绿化费	排污费	资源费、资源补偿费或资源税等	三废及节能减排情况	ISO等环境认证	企业已通过环境保护措施和方案	环保奖励或惩罚	国家地方环保政策影响
000697	*ST炼石	×	×	×	×	√	√	×	×	×	×	√
600217	*ST秦岭	×	√	√	×	×	√	√	×	×	√	√
600456	宝钛股份	×	×	×	√	×	×	×	×	×	×	×
600343	航天动力	×	×	×	×	×	×	×	×	×	×	×
600455	博通暂停	×	×	×	×	×	×	×	×	×	×	×
600984	*ST建机	×	×	√	×	×	×	×	×	×	×	√
002109	兴化股份	×	×	√	×	×	√	×	×	×	×	√
002149	西部材料	×	√	×	×	×	×	×	√	×	×	√
600379	宝光股份	×	√	×	×	√	×	×	×	×	×	√
000561	烽火电子	×	×	×	×	×	×	×	×	×	×	×
601958	金钼股份	×	×	×	×	√	√	√	×	×	√	√
002267	陕天然气	×	×	×	×	×	×	×	×	×	×	×
601012	隆基股份	×	×	×	×	×	×	×	×	×	×	×
600893	航空动力	×	×	√	√	×	×	×	×	√	√	√

注："√"：披露；"×"：未披露，下同

表 5—23 2012 年甘肃上市公司环境会计信息披露具体内容统计

代码	名称	定量信息							定性信息			
		环保借款	环保拨款与补贴等	环保投资	绿化费	排污费	资源费、资源补偿费或资源税等	三废及节能减排情况	ISO等环境认证	企业已通过环境保护措施和方案	环保奖励或惩罚	国家地方环保政策影响
600108	亚盛集团	×	√	×	×	×	√	√	×	×	×	×
600192	长城电工	×	√	×	√	√	√	√	×	√	×	√
600307	酒钢宏兴	×	√	×	×	×	×	√	×	×	×	√
600311	荣华实业	×	×	×	×	√	√	×	×	√	×	√
600354	敦煌种业	×	×	×	×	×	√	√	×	×	×	×
600516	方大炭素	×	√	√	×	√	√	√	×	×	×	×
600543	莫高股份	×	√	×	×	×	×	√	×	×	×	×
600720	祁连山	×	√	√	×	√	√	√	×	×	√	√
600738	兰州民百	×	×	×	×	×	√	√	×	×	×	×
601798	蓝科高新	×	√	×	×	√	×	√	×	×	×	√
000552	靖远煤电	×	√	×	×	×	×	√	×	×	×	×
000598	兴蓉投资	×	√	×	×	×	×	√	√	√	×	√
000779	三毛派神	×	×	×	×	√	×	√	√	×	×	√
000791	西北化工	×	×	×	×	×	×	√	√	×	×	√
000929	兰州黄河	×	√	√	×	√	√	√	×	√	√	×

代码	名称	定量信息							定性信息			
		环保借款	环保拨款与补贴等	环保投资	绿化费	排污费	资源费、资源补偿费或资源税等	三废及节能减排情况	ISO等环境认证	企业已通过环境保护措施和方案	环保奖励或惩罚	国家地方环保政策影响
000995	*ST皇台	✕	✓	✕	✕	✕	✕	✕	✓	✕	✓	✕
002145	*ST钛白	✕	✓	✓	✕	✓	✓	✕	✓	✕	✕	✕
002185	华天科技	✕	✕	✕	✕	✓	✕	✓	✓	✕	✕	✓
002219	独一味	✕	✕	✕	✕	✕	✕	✓	✕	✕	✕	✕
002644	佛慈制药	✕	✓	✕	✕	✕	✕	✓	✓	✓	✓	✓
300021	大禹节水	✕	✕	✓	✕	✕	✕	✓	✕	✕	✕	✕
300084	海默科技	✕	✕	✕	✕	✕	✕	✕	✕	✕	✕	✕
000981	银亿股份	✕	✕	✕	✕	✕	✕	✕	✕	✕	✕	✓

141

表 5—24 2012 年新疆上市公司环境会计信息披露具体内容统计

代码	名称	定量信息							定性信息			
		环保借款	环保拨款与补贴等	环保投资	绿化费	排污费	资源费、资源补偿费或资源税等	三废及节能减排情况	ISO等环境认证	企业已通过环境保护措施和方案	环保奖励或惩罚	国家地方环保政策影响
300313	天山生物	×	×	×	×	×	×	×	×	×	×	×
300159	新研股份	×	×	×	×	×	×	×	×	×	×	×
002524	光正钢构	×	×	×	×	×	×	×	×	×	×	×
300106	西部牧业	×	√	×	√	×	×	×	×	×	×	×
002307	北新路桥	×	×	×	×	×	×	×	×	×	×	×
002302	西部建设	×	×	×	×	×	×	×	√	√	×	×
000972	*ST中基	×	×	×	√	×	×	×	√	√	×	×
600359	*ST新农	×	×	×	√	×	×	×	×	×	×	×
600737	中粮屯河	×	√	√	×	×	×	×	×	×	×	×
600089	特变电工	×	×	×	√	√	√	×	√	×	×	√
600075	新疆天业	×	×	×	√	√	×	×	×	×	×	×
000813	天山纺织	×	×	×	×	×	×	×	×	√	×	×
000877	天山股份	×	√	×	×	×	√	×	√	×	×	√
600084	*ST中葡	×	×	×	×	×	×	×	√	×	×	√

代码	名称	定量信息							定性信息			
		环保借款	环保拨款与补贴等	环保投资	绿化费	排污费	资源费、资源补偿费或资源税等	三废及节能减排情况	ISO等环境认证	企业已通过环保措施和方案	环保奖励或惩罚	国家地方环保政策影响
000415	渤海租赁	×	×	×	×	×	×	×	×	×	×	×
600090	啤酒花	×	√	×	×	×	×	×	×	×	×	×
600888	新疆众和	×	×	×	×	×	×	×	√	×	×	√
600778	友好集团	×	×	×	×	×	×	×	×	×	×	×
600337	美克股份	×	×	×	×	×	×	×	√	×	×	×
000159	国际实业	×	×	×	×	×	×	×	×	×	×	×
000562	宏源证券	×	×	×	×	×	×	×	×	×	×	×
600256	广汇股份	×	×	×	√	×	√	×	√	×	×	×
600197	伊力特	×	×	×	×	×	×	×	√	×	√	×
600339	天利高新	×	×	√	×	×	×	×	×	√	×	×
600419	ST天宏	×	×	×	×	×	×	×	×	×	×	×
600506	ST香梨	×	×	×	×	×	×	×	×	×	×	×
600581	八一钢铁	×	×	×	×	×	×	×	×	×	×	×
600509	天富热电	×	√	×	×	×	×	×	×	×	×	×

代码	名称	定量信息							定性信息			
		环保借款	环保拨款与补贴等	环保投资	绿化费	排污费	资源费、资源补偿费或资源税等	三废及节能减排情况	ISO等环境认证	企业已通过环境保护措施和方案	环保奖励或惩罚	国家地方环保政策影响
600251	冠农股份	×	×	×	√	√	√	×	√	×	×	√
600425	青松建化	×	√	×	×	×	√	×	×	×	×	×
600545	新疆城建	×	×	×	×	×	×	×	×	×	×	×
600540	新赛股份	×	×	×	×	×	√	×	×	×	×	×
002092	中泰化学	×	×	√	×	×	√	×	√	×	×	√
002100	天康生物	×	×	×	×	×	×	×	×	×	×	×
002202	金风科技	×	×	×	×	×	×	×	×	×	×	√
002205	国统股份	×	×	×	×	×	×	×	×	×	×	×
002207	准油股份	×	×	×	×	×	×	×	×	×	×	×
600721	百花村	×	×	×	√	×	√	×	×	×	×	×
002700	新疆浩源	×	×	×	×	×	×	×	×	×	×	×

表 5—25 2012 年宁夏上市公司环境会计信息披露具体内容统计

代码	名称	定量信息							定性信息			
		环保借款	环保拨款与补贴等	环保投资	绿化费	排污费	资源费、资源补偿费或资源税等	三废及节能减排情况	ISO等环境认证	企业已通过环境保护措施和方案	环保奖励或惩罚	国家地方环保政策影响
002457	青龙管业	✕	✕	✕	✕	✕	✓	✕	✕	✕	✕	✕
000962	东方钽业	✕	✕	✕	✕	✕	✕	✓	✕	✕	✕	✕
000815	*ST美利	✕	✓	✕	✕	✓	✕	✕	✓	✕	✕	✓
000595	*ST西轴	✕	✕	✕	✕	✕	✕	✕	✕	✕	✕	✕
000557	*ST广夏	✕	✕	✕	✕	✕	✕	✕	✕	✕	✕	✕
000982	中银绒业	✕	✕	✕	✓	✕	✕	✕	✕	✕	✓	✓
600785	新华百货	✕	✕	✕	✕	✕	✕	✕	✕	✕	✕	✕
600165	新日恒力	✕	✕	✕	✕	✕	✓	✕	✕	✕	✕	✕
000635	英力特	✕	✓	✓	✕	✓	✕	✓	✕	✕	✕	✕
000862	银星能源	✕	✕	✕	✕	✕	✕	✕	✕	✕	✕	✕
600146	大元股份	✕	✕	✕	✕	✕	✕	✕	✕	✕	✕	✕
600449	宁夏建材	✕	✕	✓	✕	✓	✓	✕	✕	✕	✕	✓

表5—26 2012年青海上市公司环境会计信息披露具体内容统计

代码	名称	定量信息							定性信息			
		环保借款	环保拨款与补贴等	环保投资	绿化费	排污费	资源费、资源补偿费或资源税等	三废及节能减排情况	ISO等环境认证	企业已通过环境保护措施和方案	环保奖励或惩罚	国家地方环保政策影响
002646	青青稞酒	×	×	×	×	×	×	×	×	×	×	×
000792	盐湖股份	×	√	×	×	×	√	√	√	√	×	×
600771	ST东盛	×	×	√	×	×	×	×	×	×	×	√
600243	青海华鼎	×	×	×	×	×	×	×	×	√	√	√
600117	西宁特钢	×	×	×	×	×	×	×	√	√	×	×
600714	金瑞矿业	×	×	×	×	×	×	×	×	×	×	×
000606	青海明胶	×	√	×	×	×	×	×	√	√	×	×
600869	三普药业	×	√	×	×	×	×	×	×	×	×	√
600381	贤成矿业	×	×	×	×	×	×	×	×	×	×	√
601168	西部矿业	×	×	√	×	×	×	×	√	×	√	√

备注：ST东盛更名为（广誉远）；三普药业更名为（远东电缆）；贤成矿业更名为（ST贤成）

　　从上表可以看出，2012年西北五省上市公司披露数量参差不齐，但是在低碳经济和履行社会责任的影响下，西北地区上市公司的整体披露状况还算良好，其中披露条目数在3条以上的公司五省合计有40家。具体统计结果如下：

表5—27 2012年西北地区披露内容统计【披露内容超过3条（含3条）】

项目	陕西	甘肃	新疆	宁夏	青海	合计
披露内容超过3条上市公司数/家	8	17	6	4	5	40
上市公司总数/家	39	23	39	12	10	123
比例	20.51%	73.91%	15.38%	33.33%	50%	32.52%

从表5—27可以看出，2012年西北五省环境会计信息披露内容分布不均，其中甘肃省上市公司披露环境会计信息超过3条的比例最高，其中23家公司中就有17家披露环境会计信息条数超过3条，比例达到了73.91%。陕西和宁夏上市公司中披露环境会计信息超过3条的上市公司比例较低。西北五省上市公司中，新疆上市公司披露环境会计信息超过3条的比例最低，仅有15.38%；其次为陕西省披露比较低。总体来看，西北五省123家上市公司中，三分之一的上市公司披露环境会计信息超过了3条，这充分体现了西北五省上市公司对于环境会计相关披露内容还是比较重视的。

综上可知，西北地区上市公司信息披露的内容涉及了环保拨款与补贴、环保投资、排污费、三废与节能减排情况等方面。从大体上看，似乎披露的项目较多，但是，具体到某个项目上披露的公司数目还是不足。大多数上市公司还是愿意披露定性信息，因为这样对企业的负面影响较小，这说明西北地区上市公司披露的内容还存在较大的局限性和不足。

2）西北地区上市公司环境会计信息披露方式统计分析

采取什么样的方式来对环境会计信息进行披露，我国暂时还没有一个统一的标准。但是综观全国上市公司环境会计信息披露方式，主要集中于以下7种方式[75-76]：财务报告及附注、董事会报告、重要事项、招股说明书、单独的环境报告、企业内部会议记录、企业管理层的讨论和分析。关于西北五省上市公司环境会计信息披露方式的选择，研究主要集中于财务报告及附注、董事会报告、重要事项、招股说明书、单独环境报告和社会责任报告这六种方式的统计。关于西北五省上市公司环境会计信息披露方式的具体情况如表5—28所示，表5—28列示了截至2012年西北五省的上市公司环境会计信息披露方式选择的情况。

表 5—28 2012 年西北地区上市公司环境会计信息披露方式

省份	财务报告及附注	董事会报告	重要事项	招股说明书	单独环境报告	社会责任报告
陕西	22	8	0	0	0	6
甘肃	9	14	0	0	0	3
新疆	34	30	0	2	0	11
青海	9	7	1	1	1	4
宁夏	7	2	0	0	0	3
合计	81	61	1	3	1	27

资料来源：根据西北五省 123 家上市公司 2012 年年报手工搜集资料和整理完成。

从表 5—28 可以看出，西北地区上市公司的环境会计信息披露的方式主要集中于财务报告及附注、董事会报告，其中新疆和陕西的上市公司选择社会责任报告来披露环境会计信息的也比较多。另外，只有青海省的西部矿业股份有限公司出具了单独环境报告。从各省的综合评价来看，新疆、甘肃、陕西三省（自治区）的上市公司环境会计信息披露较好。但是在个别披露方式上，还存在一些不足，如有些上市公司有社会责任报告，但是并没有提到关于环境会计信息的有价值的内容，还有一些企业选择在重要事项和招股说明书中进行披露，但是披露方式的侧重点还是有些过于集中，有必要在以后的披露中作出改善。总体来说，西北五省上市公司环境会计信息披露方式还是较为单一的，这个基本与全国范围内的上市公司一致。

关于西北五省上市公司披露方式的具体统计数据如表 5—29～表 5—33 所示，通过这些具体的统计数据可以了解到目前西北五省上市公司具体每家公司受到低碳经济影响的变化程度。

表 5—29 2012 年陕西上市公司环境会计信息披露的方式统计

代码	名称	财务报告及附注	董事会报告	重要事项	招股说明书	单独环境报告	社会责任报告
002673	西部证券	×	×	×	×	×	×
300164	通源石油	×	√	×	√	×	×
300140	启源装备	√	×	×	×	×	×
300116	坚瑞消防	√	×	×	×	×	×

代码	名称	财务报告及附注	董事会报告	重要事项	招股说明书	单独环境报告	社会责任报告
300114	中航电测	√	×	×	×	×	×
300103	达刚路机	×	×	×	×	×	×
601369	陕鼓动力	√	×	×	×	×	√
601179	中国西电	√	×	×	×	×	×
300023	宝德股份	×	×	×	×	×	×
600248	延长化建	√	×	×	×	×	×
000837	秦川发展	√	×	×	×	×	×
000796	易食股份	×	×	×	×	×	×
600080	*ST 金花	×	×	×	×	×	×
000721	西安饮食	√	×	×	×	×	×
600185	格力地产	×	×	×	×	×	×
000812	陕西金叶	×	×	×	×	×	×
600302	标准股份	√	×	×	×	×	×
000768	西飞国际	√	√	×	×	×	×
600707	彩虹股份	√	×	×	×	×	×
000563	陕国投 A	×	×	×	×	×	√
000610	西安旅游	×	×	×	×	×	×
000564	西安民生	×	×	×	×	×	×
000516	开元投资	√	×	×	×	×	√
600831	广电网络	×	×	×	×	×	×
600706	ST 长信	√	√	×	×	×	×
000697	*ST 炼石	√	√	×	×	×	×
600217	*ST 秦岭	√	√	×	×	×	×
600456	宝钛股份	√	√	×	×	×	√

代码	名称	财务报告及附注	董事会报告	重要事项	招股说明书	单独环境报告	社会责任报告
600343	航天动力	×	×	×	×	×	×
600455	博通暂停	×	×	×	×	×	×
600984	*ST 建机	√	×	×	×	×	×
002109	兴化股份	√	×	×	×	×	×
002149	西部材料	√	√	×	×	×	×
600379	宝光股份	√	×	×	×	×	×
000561	烽火电子	×	×	×	×	×	×
601958	金钼股份	√	×	×	×	×	√
002267	陕天然气	×	×	×	×	×	×
601012	隆基股份	×	×	×	√	×	×
600893	航空动力	√	√	×	×	×	√

注："√"：披露；"×"：未披露，下同。

表 5—30 2012 年甘肃上市公司环境会计信息披露的方式统计

代码	名称	财务报告及附注	董事会报告	重要事项	招股说明书	单独环境报告	社会责任报告	内控自我评价报告
600108	亚盛集团	√	×	×	×	×	×	√
600192	长城电工	×	√	×	×	×	×	×
600307	酒钢宏兴	√	√	×	×	×	√	×
600311	荣华实业	×	√	×	×	×	×	×
600354	敦煌种业	√	×	×	×	×	×	√
600516	方大炭素	√	√	×	×	×	×	×
600543	莫高股份	√	×	×	×	×	×	√
600720	祁连山	√	×	×	×	×	×	×
600738	兰州民百	×	×	×	×	×	×	×

代码	名称	财务报告及附注	董事会报告	重要事项	招股说明书	单独环境报告	社会责任报告	内控自我评价报告
601798	蓝科高新	×	×	×	×	×	×	√
000552	靖远煤电	×	√	×	×	×	×	×
000598	兴蓉投资	√	√	×	×	×	√	√
000779	三毛派神	×	√	×	×	×	×	×
000791	西北化工	×	√	×	×	×	×	×
000929	兰州黄河	√	×	×	×	×	×	×
000995	ST 皇台	×	√	×	×	×	×	√
002145	*ST 钛白	√	√	×	×	×	×	×
002185	华天科技	×	√	×	×	×	×	×
002219	独一味	×	√	×	×	×	×	×
002644	佛慈制药	√	√	×	×	×	×	×
300021	大禹节水	×	√	√	×	×	×	×
300084	海默科技	×	×	×	×	×	×	×
000981	银亿股份	×	√	×	×	×	√	×

151

表 5—31 2012 年新疆上市公司环境会计信息披露的方式统计

代码	名称	财务报告及附注	董事会报告	重要事项	招股说明书	单独环境报告	社会责任报告
300313	天山生物	×	×	×	√	×	×
300159	新研股份	√	√	×	×	×	×
002524	光正钢构	√	√	×	×	×	×
300106	西部牧业	√	×	×	×	×	×
002307	北新路桥	√	√	×	×	×	×
002302	西部建设	√	√	×	×	×	×
000972	*ST 中基	√	×	×	×	×	×
600359	*ST 新农	√	×	×	×	×	×

代码	名称	财务报告及附注	董事会报告	重要事项	招股说明书	单独环境报告	社会责任报告
600737	中粮屯河	√	×	×	×	×	√
600089	特变电工	√	√	×	×	×	√
600075	新疆天业	√	√	×	×	×	×
000813	天山纺织	√	√	×	×	×	×
000877	天山股份	√	√	×	√	×	×
600084	ST 中葡	√	√	×	×	×	×
000415	渤海租赁	×	×	×	×	×	×
600090	啤酒花	√	√	×	×	×	×
600888	新疆众和	√	√	×	×	×	√
600778	友好集团	√	√	×	×	×	×
600337	美克股份	√	√	×	×	×	√
000159	国际实业	√	√	×	×	×	×
000562	宏源证券	×	×	×	×	×	×
600256	广汇股份	√	√	×	×	×	√
600197	伊力特	√	√	×	×	×	√
600339	天利高新	√	√	×	×	×	×
600419	ST 天宏	√	×	×	×	×	×
600506	ST 香梨	√	√	×	×	×	×
600581	八一钢铁	√	√	×	×	×	×
600509	天富热电	√	√	×	×	×	×
600251	冠农股份	√	√	×	×	×	√
600425	青松建化	√	√	×	×	×	×
600545	新疆城建	×	×	×	×	×	×
600540	新赛股份	√	√	×	×	×	×
002092	中泰化学	√	√	×	×	×	√
002100	天康生物	√	√	×	×	×	×

代码	名称	财务报告及附注	董事会报告	重要事项	招股说明书	单独环境报告	社会责任报告
002202	金风科技	√	√	×	×	×	√
002205	国统股份	√	√	×	×	×	×
002207	准油股份	√	√	×	×	×	×
600721	百花村	√	√	×	×	×	×
002700	新疆浩源	×	×	×	×	×	×

表 5—32 2012 年宁夏上市公司环境会计信息披露的方式统计

代码	名称	财务报告及附注	董事会报告	重要事项	招股说明书	单独环境报告	社会责任报告
002457	青龙管业	√	×	×	×	×	×
000962	东方钽业	√	×	×	×	×	√
000815	*ST 美利	√	√	×	×	×	√
000595	*ST 西轴	√	×	×	×	×	×
000557	*ST 广夏	×	×	×	×	×	×
000982	中银绒业	√	√	×	×	×	×
600785	新华百货	×	×	×	×	×	×
600165	新日恒力	×	×	×	×	×	×
000635	英力特	√	×	×	×	×	√
000862	银星能源	×	×	×	×	×	×
600146	大元股份	×	×	×	×	×	×
600449	宁夏建材	√	×	×	×	×	×

表5—33 2012年青海上市公司环境会计信息披露的方式统计

代码	名称	财务报告及附注	董事会报告	重要事项	招股说明书	单独环境报告	社会责任报告
002646	青青稞酒	√	×	×	√	×	×
000792	盐湖股份	√	√	×	×	×	√
600771	ST东盛	√	√	×	×	×	√
600243	青海华鼎	√	√	×	×	×	√
600117	西宁特钢	√	√	×	×	×	√
600714	金瑞矿业	√	×	×	×	×	×
000606	青海明胶	√	×	×	×	×	×
600869	三普药业	√	×	×	×	×	×
600381	贤成矿业	√	√	×	×	×	×
601168	西部矿业	×	×	×	×	√	√

备注: ST东盛更名为（广誉远）；三普药业更名为（远东电缆）；贤成矿业更名为（ST贤成）

数据来源: 通过自行查阅中国巨潮资讯网西北五省上市公司2012年报及相关资料整理数据。

通过上表我们可以看出，2012年西北地区五省上市公司选择了不同的方式披露环境会计信息，其中最主要的披露方式是财务报告及附注、董事会报告和社会责任报告。五省的123家上市公司中共有81家上市公司在财务报告及附注中披露了环境会计信息；有61家上市公司在董事会报告中披露了环境会计信息；在社会责任报告中披露环境会计信息的上市公司也达到了26家。陕西省39家上市公司中，有22家上市公司在财务报告中披露了环境会计信息；新疆39家上市公司中有34家选择了在财务报表中披露环境会计信息，同时有30家公司也在董事会报告中进行了披露，此外还有11家上市公司在社会责任报告中对相关的环境会计信息进行了一定程度的披露；青海虽然仅有10家上市公司，几乎所有的公司都选择了财务报告方式披露环境会计信息。当然运用单独环境报告进行披露的公司还是仅有青海省的西部矿业。

综上可知，西北地区上市公司的环境会计信息披露的方式主要集中于财务报告及附注、董事会报告和社会责任报告。有单独环境报告且在此进行披露的公司还是寥寥无几。通过依次查阅西北地区每家上市公司的资料，可以发现有些上市公司有社会责任报告，但没有提到关于环境信息的有价值的内容。从披露方式的选择上可以看出，西北地区上市公司环境会计信息披露方式是较为单一的。

5.3 西北地区上市公司环境会计信息披露现状——基于社会责任报告视角

5.3.1 社会责任报告的发布情况分析

截至 2012 年 12 月 31 日，西北五省上市公司数量总共 123 家，而公布社会责任报告的仅有 27 家，所占比重仅有 22%。说明西北五省上市公司社会责任报告的整体发布比例不高，总体状况也不够理想。关于西北五省上市公司的总体情况及发布社会责任报告的情况如表 5—34 和表 5—35 所示。

表 5—34 西北五省上市公司分布情况

单位：家

省市	主板	中小板	创业板	合计
陕西省	29	4	6	39
甘肃省	17	4	2	23
新疆	27	9	3	39
宁夏	11	1	0	12
青海省	9	1	0	10
合计	93	19	11	123

表 5—35 西北五省上市公司 2012 年发布社会责任报告情况

单位：家

项目	数量	上市地点		控制人类型	
		深市	沪市	国有	非国有
西北五省上市公司	123	63	60	16	107
其中发布社会责任报告的公司	27	12	15	9	18
发布社会责任报告所占比重	22%	19%	25%	56%	17%

5.3.2 社会责任报告下的环境会计信息披露情况分析

通过查询西北五省 2011 年和 2012 年公布社会责任报告的 27 家上市公司

的相关数据，来对比两年环境会计信息的披露情况。从表5—36可以看出，多数上市公司的社会责任报告的页数2012年多于2011年。但是，环境信息方面的页数，有些企业的页数比以前多了，也有一些比以前少了。总体来说，社会责任页数多，在一定程度上说明社会责任履行的内容会较多；而环境信息内容的变化，也体现出企业对环境信息的重视，但是重视的程度还有待加强。

表5—36 2011～2012年西北五省社会责任报告及环境信息披露情况分析

证券代码	证券简称	社会责任报告页数		环境信息页数		环境信息所占比重	
		2011年	2012年	2011年	2012年	2011年	2012年
601369	陕鼓动力	13	16	2	1	15%	6%
000563	陕国投A	17	8	1	0.5	6%	6%
000516	开元投资	35	40	2.5	3	7%	8%
600456	宝钛股份	12	11	2	2	17%	18.%
601958	金钼股份	8	7	1	1	13%	14%
600893	航空动力	18	26	2	4	11%	15%
000962	东方钽业	10	13	2	1	20%	8%
000815	*ST美利	5	7	0.5	0.5	10%	7%
000635	英力特	10	13	1	0.5	10%	14%
000792	盐湖股份	12	13	1	2	8%	15%
600243	青海华鼎	17	8	1	0	6%	0%
600117	西宁特钢	11	13	2	4	18%	31%
601168	西部矿业	33	22	7	6	21%	27%
600737	中粮屯河	14	9	2	2	14%	22%
600089	特变电工	21	26	3	4	14%	15%
000877	天山股份	14	15	3	3	21%	20%
600888	新疆众和	17	21	1.5	1	9%	5%
600337	美克股份	16	14	1	1.5	6%	11%
000562	宏源证券	16	16	1	1	6%	6%
600256	广汇股份	10	7	1.5	2	15%	29%
600197	伊力特	16	19	3	3	19%	16%
600251	冠农股份	9	9	2.5	1	28%	11%
002092	中泰化学	47	39	11	9	23%	23%
002202	金风科技	9	9	1	1	11%	11%
600307	酒钢宏兴	——	8	——	1	——	13%
000598	兴蓉投资	23	19	1.5	2	7%	11%
000981	银亿股份	17	12	0	0	0	0

"——"表示该年未发布社会责任报告，无法统计数据；报告页数精确到0.5。

5.4 西北地区上市公司环境会计信息披露的实证研究

5.4.1 研究样本的选择

截至 2012 年 12 月 31 日，西北五省的上市公司数目有 123 家，其中陕西省 39 家、甘肃省 23 家、新疆 39 家、青海 10 家、宁夏 12 家。由于研究只选择了 2012 年作为研究区间，因此最终将 123 家作为最终的研究样本。研究涉及的财务指标数据主要来源于国泰安数据库《CSMAR '2013 版'》。而由于环境会计信息不是年报中强制性披露的信息，本研究只能从 2011 年所有上市公司的年报中自行查阅搜集相关信息。即从 2012 年的 123 份年报和其他披露报告资料中逐个搜集环境会计信息，并按照披露的方式和内容分别进行统计。披露信息的年报、招股说明书、社会责任报告及董事会报告、单独环境报告等主要通过巨潮资讯网和中国证券网进行查询。具体 123 家公司的代码及公司名称见表 5—15~ 表 5—19 所示。

5.4.2 未引入社会责任的环境会计信息披露实证研究过程及结果分析

（1）研究假设的提出

研究在结合前人研究成果的基础上，结合了西北地区的地域性特点，分析了西北五省上市公司行业所属的类别，通过查询上市公司的所属行业，可以发现其中有部分为国家规定的重污染行业，其他不是重污染企业，但是它们中有些也自愿披露了环境会计信息，其信息的获得来源于财务报告和社会责任报告两个部分。本研究试图从企业内部和外部两方面对西北五省上市公司的环境信息披露程度进行研究。在研究之前首先根据需要提出相应的假设。

1）影响环境会计信息披露的内部因素

内部影响因素较多，如企业的偿债能力、盈利能力、现金实力、营运能力、成长能力、企业价值以及企业规模等。研究中加入了新的能力因素，即现金实力，前人在研究中基本忽略了企业的现金实力指标。关于内部影响因素与环境会计信息之间关系的假设如下：

假设 H1：企业偿债能力与环境会计信息披露程度为正相关。

假设 H2：企业盈利能力与环境会计信息披露程度为正相关。

假设 H3：企业现金实力与环境会计信息披露程度为正相关。

假设 H4：企业营运能力与环境会计信息披露程度为正相关。

假设 H5：企业成长能力与环境会计信息披露程度为正相关。

假设 H6：企业价值与环境会计信息披露程度为正相关。

假设 H7：企业规模与环境会计信息披露程度为正相关。

2）影响环境会计信息披露外部因素

外部影响因素较多，但是因西北五省上市公司中重污染企业不多，故选择了两个外部影响因素，即独立董事所占的比例和流通股所占总股本的比例。因此，特提出以下假设：

假设 H8：独立董事所占比例与公司环境会计信息披露程度正相关。

假设 H9：流通股所占总股本的比例与环境会计信息披露程度正相关。

（2）研究变量的定义

根据前面的假设，最终分析确定了研究所用到的自变量。具体变量如表 5—37 所示。其中现金实力指标和营运能力指标采用方差分析后确定，体现指标选取的科学性（因篇幅原因，故未附在文中）。因变量的确定是环境会计信息披露指数，研究主要采用环境会计信息披露指数采用公式是实际披露项目值除以理想披露项目值。披露项目值的来源是从环保拨款、环保补贴、环保投资、绿化费、生产的排污费、资源税、三废与节能减排、ISO14001 等环境认证、企业的环保措施、环保奖励或惩罚和国家地方环保政策影响 11 个方面。

表 5—37 变量定义表

变量类别	变量名称	变量符号
偿债能力	资产负债率	X_1
盈利能力	净资产收益率	X_2
现金实力	现金净利比	X_3
营运能力	总资产周转率	X_4
成长能力	主营业务收入增长率	X_5
企业价值	每股净资产	X_6
企业规模	资产的对数	X_7
独立董事比重	独立董事的比例	X_8
流通股比重	流通股占总股本的比例	X_9
环境会计信息	环境会计信息披露指数	Y

（3）数据的准备和样本的选定

截至2012年12月31日,西北五省的上市公司数目有123家。其中因西部证券、陕国投 A、*ST 广夏、广誉远和宏源证券部分指标无法获得,所以最终研究样本将四家公司排除在外。本研究的样本确定最终为118家上市公司,其中财务数据来源于2013年国泰安数据库《CSMAR'2013版'》和巨潮资讯网;而环境会计信息主要来源于上市公司的年报和社会责任报告等,由于环境会计信息的披露在我国属于非强制性的信息,对于重污染企业,我国对其具有一定的强制性规定,这样使得环境会计信息的获得需要逐家查询年报和社会责任报告。这些报告均来自中国证券网和巨潮资讯网。

（4）描述性统计分析

为了解2012年所有因变量和自变量的整体特征,故对变量进行了描述性统计分析,也为后期多元线性回归分析提供了标准化数据。检验结果如表5—38所示。

表5—38 各指标的描述性统计结果表

变量	N	极小值	极大值	均值	标准差
X_1	118	0.074	0.947	0.494	0.222
X_2	118	-56.580	25.500	1.858	7.261
X_3	118	-14.692	58.499	1.221	7.039
X_4	118	0.030	2.385	0.558	0.376
X_5	118	-0.600	1.332	0.077	0.284
X_6	118	0.185	11.942	3.653	2.171
X_7	118	8.356	10.664	9.477	0.536
X_8	118	0.250	0.556	0.368	0.048
X_9	118	0.096	1.000	0.793	0.272
Y	118	0.000	0.778	0.179	0.177

从上表可看出,西北五省上市公司环境会计信息披露指数 Y 极大值为0.778,而极小值为0.000,平均的披露指数仅为0.179,这说明西北五省上市公司环境会计信息披露的具体内容较少,与最佳披露水平还有很大差距。其中 X_2 盈利能力的极大值为25.500,极小值为 -56.580,相比较2011年（极大值为58.443,极小

值为 -185.413），上市公司经过后金融危机时代的不断发展，公司之间的盈利能力差距缩小很多。但是，不得不承认的一点就是西北五省上市公司在盈利方面的差距依然存在。X_3 现金实力极大值为 58.499，极小值为 -14.692，这说明 2012 年西北五省上市公司之间的现金实力差距较大，且总体实力较低，这样跟东部地区的上市公司相比，现金实力不强，这将会导致它们在最终披露信息之间的差异；在企业价值（X_5）和资产规模（X_6）方面，西北五省上市公司差距也较大，这必然会影响 2012 年环境会计信息的披露程度。

（5）2012 年样本数据的相关性分析

为了解在社会责任视角下的西北五省披露环境会计信息的具体差异，运用 2012 年的样本数据来进行相关性分析，具体分析结果如下。

表 5—39 变量的 Spearman 相关性检验结果

	项目	X_1	X_2	X_3	X_4	X_5	X_6	X_7	X_8	X_9	Y_1
X_1	相关系数	1.000									
	Sig.（双测）	.									
X_2	相关系数	0.049	1.000								
	Sig.（双测）	0.599	.								
X_3	相关系数	-0.190	0.083	1.000							
	Sig.（双测）	0.040	0.369	.							
X_4	相关系数	0.086	0.162	0.122	1.000						
	Sig.（双测）	0.355	0.079	0.189	.						
X_5	相关系数	0.104	0.252	0.077	0.138	1.000					
	Sig.（双测）	0.262	0.006	0.409	0.137	.					
X_6	相关系数	-0.212	0.011	0.197	-0.005	0.015	1.000				
	Sig.（双测）	0.021	0.908	0.033	0.961	0.872	.				
X_7	相关系数	0.520	0.006	-0.058	0.008	0.096	0.344	1.000			
	Sig.（双测）	0.000	0.947	0.530	0.934	0.302	0.000	.			
X_8	相关系数	-0.217	0.087	0.036	-0.135	-0.046	0.069	-0.070	1.000		
	Sig.（双测）	0.018	0.351	0.702	0.144	0.618	0.458	0.450	.		
X_9	相关系数	0.153	-0.025	-0.117	0.206	-0.083	-0.255	0.002	0.014	1.000	
	Sig.（双测）	0.099	0.791	0.208	0.025	0.370	0.005	0.981	0.881	.	
s_1	相关系数	-0.520	0.623	0.748	0.501	0.312	0.612	0.750	-0.517	0.320	1.000
	Sig.（双测）	0.197	0.185	0.109	0.275	0.899	0.894	0.006	0.206	0.833	.

注：* 在置信度（双测）为 0.05 时，相关性是显著的；** 在置信度（双测）为 0.01 时，相关性是显著的。

从相关性分析结果来看，显著性变量有 2 个，还有 2 个自变量与因变量之间是负向关系，剩余 7 个变量均为正向关系。从整体上来看，2012 年关于西北五省上市公司环境会计信息披露影响程度情况，各变量检验结果较显著。这说明在后金融危机时代，西北五省上市公司已经逐步关注利益相关者的需求，披露较多的环境会计信息，但是其关注度尚存不足。在 2012 年的检验中，X_2 和 X_7 对环境会计信息披露指数具有较显著影响，对环境会计信息的改善具有重要作用。

(6) 2012 年样本数据的检验结果解释

从相关性分析结果来看，9 个变量在运用到 2012 年西北五省上市公司检验对环境会计信息披露程度时，其中有 7 个变量，即净资产收益率（X_2）、现金净利比（X_3）、总资产周转率（X_4）、主营业务收入增长率（X_5）、每股净资产（X_6）、资产的对数（X_7）和流通股占总股本的比例（X_9）结果均为正相关，即支持原假设。具体分析如下：

1) 从影响企业内部因素分析

①偿债能力：因偿债能力与因变量环境会计信息披露是负向关系，拒绝原假设 H1。这说明了在后金融危机时代，西北五省上市公司虽然更多关注偿债能力，但是由于金融危机后偿债能力的逐渐恢复，偿债能力对企业环境会计信息披露的程度影响不显著。

②盈利能力：从相关性结果来看，盈利能力影响效果较为显著，环境会计信息披露呈正向关系，支持原假设 H2。这说明 2012 年西北五省上市公司盈利能力的强弱直接影响着环境会计信息披露的程度，以及对社会责任的履行程度。

③现金实力：在研究中增加了现金实力指标，通过科学的方法筛选了指标，最终确定出了现金净利比。从相关性分析结果来看，虽然该指标对环境会计信息披露影响不是最显著，但是其结果与预期假设一致，即支持原假设 H3。所以企业在现金实力增强的情况下，披露的环境会计信息就越多。

④营运能力：新加入的营运能力因素与环境会计信息披露是正向关系，支持原假设 H4。说明 2012 年西北五省上市公司的资产营运能力强弱对环境会计信息披露较为显著，即西北上市公司营运能力越强，披露的环境会计信息越多，履行社会责任的程度越高。

⑤成长能力：成长能力的表现较为显著，即对西北五省上市公司环境会计信息披露影响是正向关系，也就是说若企业处于快速成长时期的话，西北五省上市公司会越发地考虑披露更多的环境会计信息，会更加关注自身承担更多的社会责任。

⑥企业价值：企业价值的检验结果也支持原有假设，说明企业价值越高，西北五省上市公司为追求可持续发展，也会越多地披露环境会计信息。说明在后金融危机时代，西北五省上市公司更加关注企业价值的重要性，但是企业价值的体现还在于社会责任的履行情况，而社会责任的履行在很大程度上取决于环境会计信息披露的充分程度。因此，企业价值越高，西北五省上市公司披露的环境会计信息越多。

⑦企业规模：在企业规模的变量检验结果来看，其影响非常显著，支持原假设H7。这说明了西北五省上市公司规模越大，披露的环境会计信息却越多，这也符合常理。因此，规模大的企业为提升企业形象，履行好自身的社会责任，更加注重环境会计信息披露，这样有利于企业的长远发展。西北五省公司应该将可持续发展和履行社会责任的关系处理好，披露更多环境信息。

2）从影响企业外部因素分析

①独立董事的比例：从相关性分析结果来看，可以发现结果拒绝原假设H8。这证明了独立董事在西北五省上市公司中监督作用未得到充分发挥，再加上西北五省企业环境会计信息披露程度整体不足，所以西北五省上市公司还需进一步发挥独立董事的作用和完善独立董事制度。

②流通股占总股本的比例：从相关性分析结果来看，是支持原假设H9，这说明了西北五省上市公司在后金融危机背景下，流通股没有特别高度地分散到中小投资者手里，而在西北五省上市公司中形成了较为科学有效的内部治理机制，2012年的影响效果较为明显。

5.5 引入环境规制的环境会计信息披露实证研究过程及结果分析

5.5.1 西北五省总样本分析

（1）样本的选择与确定

由于引入新的变量即为环境规制程度，因此，通过分析得到能够计算西北五省上市公司中的环境规制程度的有75家上市公司。因此将这75家上市公司的相关数据带入SPSS软件中做实证分析。其中关于75家上市公司的具体数据见附录1所示。

（2）研究假设的提出及变量的确定

研究假设与前面相同，共提出10个假设，其中假设1为环境规制程度与环境会计信息披露正相关。其他假设与前面研究相同。

根据研究的需要，最终确定的 10 个自变量及计算公式如表 5—40 所示。

表 5—40 研究指标及指标解释

指标所属项目	具体指标名称	计算公式	预期符号
环境规制程度	环境规制程度	各项环境绩效值之和 / 利润总额	＋
偿债能力	资产负债率	负债总额 / 资产总额	＋
盈利能力	净资产收益率	净利润 / 平均净资产额	＋
现金实力	现金净利比	经营活动现金净流量 / 净利润	＋
营运能力	总资产周转率	营业收入 / 平均资产总额	＋
成长能力	主营业务收入增长率	(本年主营业务收入－上年主营业务收入) / 上年主营业务收入	＋
企业价值	每股净资产	股东权益总额 / 普通股股数	＋
企业规模	资产的对数	Ln (资产总额)	＋
独立董事比重	独立董事的比例	独立董事人数 / 董事总人数	＋
流通股比重	流通股占总股本的比例	流通股 / 总股本	＋

(3) 描述性统计分析

表 5—41 描述统计量

变量	N	极小值	极大值	均值	标准差
环境规制程度 X_1	75	-14101.302	10465.114	626.275	2671.043
资产负债率 X_2	75	0.075	0.947	0.516	0.216
净资产收益率 X_3	75	-56.580	25.500	1.110	8.198
现金净利比 X_4	75	-14.692	58.499	1.017	8.315
总资产周转率 X_5	75	0.030	2.384	0.558	0.351
主营业务收入增长率 X_6	75	-0.462	1.153	0.077	0.250
每股净资产 X_7	75	0.185	11.942	3.714	2.324
资产的对数 X_8	75	8.611	10.664	9.568	0.531
独立董事的比例 X_9	75	0.250	0.556	0.365	0.046
流通股占总股本的比例 X_{10}	75	0.096	1.000	0.782	0.274
环境会计信息披露指数 Y	75	0.000	0.778	0.270	0.160

根据上面的描述性统计结果可以发现，西北五省的环境规制程度较好，但环境会计信息披露不是特别好，均值仅有 0.270。其中西北五省上市公司的盈利能力一般，极大值和极小值之间相差较大，说明不同公司之间的盈利能力相差较大。其他指标极大值和极小值之间的差距相差不大。

（4）多元线性回归分析

表 5—42　模型汇总

R	R 方	调整 R 方	标准估计的误差	更改统计量					Durbin-Watson
				R 方更改	F 更改	df1	df2	Sig. F 更改	
0.382	0.146	0.013	0.994	0.146	1.096	10.000	64.000	0.379	1.998

表 5—43　多元线性回归结果

	非标准化系数		标准系数	t	Sig.	共线性统计量	
	B	标准误差	试用版			容差	VIF
（常量）	0.000	0.115		0.000	1.000		
（环境规制程度 X_1）	-0.023	0.130	-0.023	-0.179	0.859	0.784	1.276
（资产负债率 X_2）	-0.078	0.154	-0.078	-0.505	0.615	0.565	1.770
（净资产收益率 X_3）	0.059	0.130	0.059	0.455	0.650	0.789	1.268
（现金净利比 X_4）	-0.073	0.119	-0.073	-0.618	0.539	0.946	1.057
（总资产周转率 X_5）	0.223	0.129	0.223	1.731	0.088	0.807	1.239
（主营业务收入增长率 X_6）	0.001	0.125	0.001	0.005	0.996	0.852	1.174
（每股净资产 X_7）	0.136	0.145	0.136	0.935	0.353	0.630	1.587
（资产的对数 X_8）	0.142	0.150	0.142	0.947	0.347	0.595	1.679
（独立董事的比例 X_9）	-0.140	0.125	-0.140	-1.118	0.268	0.854	1.171
（流通股占总股本的比例 X_{10}）	0.141	0.131	0.141	1.076	0.286	0.772	1.296

从上面的分析结果可以得出以下结论：

①有 6 个结果支持原假设。分别为净资产收益率、总资产周转率、主营业务收入增长率、每股净资产、资产的对数、流通股占总股本的比例。也就是说盈利

能力、营运能力、成长能力、企业价值、企业规模和流通股所占总股本的比例越大，西北五省披露环境会计信息的程度就越高。

②有4个结果拒绝原假设。分别为环境规制程度、资产负债率、现金净利比和独立董事的比例。也就是说环境规制程度越高，企业披露的环境会计信息越少；偿债能力越强、现金实力越强和独立董事比例越高，企业披露的环境会计信息也越少。

5.5.2 西北五省份样本比较分析

为了能够清楚地比较西北五省之间环境会计信息披露差异，以及各省之间能力表现的不同，因此，本研究试图分析了不同省份在因变量和自变量之间的差异，从而为各省的环境会计信息披露提供有建设性的建议和对策。

（1）样本的确定

通过将前面能计算出新变量环境规制程度的75家上市公司，分别归类于不同的省份，陕西21家，甘肃省23家，新疆17家，青海7家，宁夏7家。

（2）西北五省各变量之间差异比较

A．环境会计信息披露程度的比较

表5—44 环境会计信息披露指数比较

省份	极小值	极大值	均值	标准差
陕西	0.111	0.556	0.230	0.141
甘肃	0.000	0.778	0.321	0.204
新疆	0.111	0.444	0.242	0.118
青海	0.167	0.556	0.294	0.127
宁夏	0.111	0.444	0.262	0.159

通过上表可以看出，西北五省中披露环境会计信息程度相差不大，其中披露较高的是甘肃省和青海省。从极大值和极小值来看，各省之间差距较大，尤其是甘肃省，其不同公司披露环境会计信息的程度相差较大。其他四个省份相差不是很大。但是，总体来讲，西北五省披露环境会计信息的程度有待提高。

B．各自变量之间的差异比较

①环境规制程度

表5—45 环境规制程度比较

省份	极小值	极大值	均值	标准差
陕西	0.111	0.556	0.230	0.141
甘肃	0.000	0.778	0.321	0.204
新疆	0.111	0.444	0.242	0.118
青海	0.167	0.556	0.294	0.127
宁夏	0.111	0.444	0.262	0.159

由于环境规制程度是新加入的变量，因此，通过上表基本可以看出西北五省对环境规制的程度差距较大。其中甘肃省对环境规制的程度最高，根据前面分析可以看出甘肃省对环境会计信息披露的程度也是最高的，这在一定程度上说明环境规制程度高的省份，环境会计信息披露的程度较大。

② 偿债能力差异比较

表5—46 资产负债率

省份	极小值	极大值	均值	标准差
陕西	0.075	0.947	0.447	0.245
甘肃	0.095	0.790	0.467	0.211
新疆	0.403	0.942	0.657	0.144
青海	0.286	0.755	0.569	0.157
宁夏	0.175	0.781	0.483	0.213

从上表可以看出，西北五省在偿债能力方面差别不大，基本集中在0.5左右，说明西北五省的上市公司偿债能力还算较强。其中陕西省和甘肃省上市公司的极大值和极小值之间差距较大。

③ 盈利能力差异比较

表5—47 净资产收益率

省份	极小值	极大值	均值	标准差
陕西	0.075	0.947	0.447	0.245
甘肃	0.095	0.790	0.467	0.211

省份	极小值	极大值	均值	标准差
新疆	0.403	0.942	0.657	0.144
青海	0.286	0.755	0.569	0.157
宁夏	0.175	0.781	0.483	0.213

从上表可以看出，西北五省上市公司在盈利能力方面相差较大，表现最好的两个省份是陕西省和宁夏，其他省份的上市公司盈利能力较弱。说明甘肃省、新疆和青海上市公司的盈利能力有待进一步加强。

④ 现金实力差异比较

表 5—48　现金净利比

省份	极小值	极大值	均值	标准差
陕西	0.075	0.947	0.447	0.245
甘肃	0.095	0.790	0.467	0.211
新疆	0.403	0.942	0.657	0.144
青海	0.286	0.755	0.569	0.157
宁夏	0.175	0.781	0.483	0.213

从上表可以看出，各省在现金实力方面差别较大，其中新疆的上市公司现金实力最强。而陕西省上市公司的现金实力较弱，公司极大值和极小值之间的差别也较大。这些都说明了各省上市公司在现金实力水平方面是参差不齐的。

⑤ 营运能力差异比较

表 5—49　总资产周转率

省份	极小值	极大值	均值	标准差
陕西	0.030	1.260	0.594	0.298
甘肃	0.100	2.384	0.605	0.497
新疆	0.180	1.020	0.495	0.247
青海	0.130	0.980	0.465	0.308
宁夏	0.390	0.810	0.541	0.163

从上表可以看出，西北五省上市公司在营运能力方面相差不大，基本也是集中在0.5左右，而且表现的营运能力较强。

⑥ 成长能力差异比较

表5—50 主营业务收入增长率

省份	极小值	极大值	均值	标准差
陕西	0.030	1.260	0.594	0.298
甘肃	0.100	2.384	0.605	0.497
新疆	0.180	1.020	0.495	0.247
青海	0.130	0.980	0.465	0.308
宁夏	0.390	0.810	0.541	0.163

从上表一方面可以看出，西北五省上市公司成长能力方面差异不大，基本在0.2以下；但是，从另一方面来说，西北五省上市公司成长能力相对较弱，比起东部上市公司来讲可能差别就较大了。因此，西北五省上市公司有待进一步加强可持续发展能力。

⑦ 企业价值差异比较

表5—51 每股净资产

省份	极小值	极大值	均值	标准差
陕西	0.185	8.435	3.596	2.004
甘肃	0.924	11.942	3.523	2.513
新疆	0.859	7.761	3.549	2.097
青海	1.123	10.016	3.768	3.036
宁夏	2.101	8.843	5.044	2.605

在目前不断追求企业价值的时代，通过比较企业价值之间的差异，为西北五省上市公司提供有价值的建议。从上表不难看出，西北五省上市公司企业价值之间差别不大，其中表现最好的是宁夏的上市公司，其他省份的上市公司企业价值基本集中在3.5左右，而且西北五省上市公司企业价值极大值和极小值之间差别也较大，这导致不同企业之间企业价值参差不齐。因此，西北五省上市公司有待提高企业价值。

⑧ 企业规模差异比较

表 5—52 资产对数

省份	极小值	极大值	均值	标准差
陕西	0.185	8.435	3.596	2.004
甘肃	0.924	11.942	3.523	2.513
新疆	0.859	7.761	3.549	2.097
青海	1.123	10.016	3.768	3.036
宁夏	2.101	8.843	5.044	2.605

从上表可以看出，西北五省上市公司在企业规模方面相差不大，基本比较集中，而且极大值和极小值之间相差也不大，说明西北五省上市公司总体规模相差不大。

⑨ 独立董事的比例差异比较

表 5—53 独立董事的比例

省份	极小值	极大值	均值	标准差
陕西	0.185	8.435	3.596	2.004
甘肃	0.924	11.942	3.523	2.513
新疆	0.859	7.761	3.549	2.097
青海	1.123	10.016	3.768	3.036
宁夏	2.101	8.843	5.044	2.605

从上表可以看出，西北五省上市公司中独立董事比例也相差不大，基本集中在 0.3 左右。这同时也说明了西北五省上市公司中独立董事所占比重较低，因而使得其独立董事的监督作用没有得到充分的发挥。

⑩ 流通股占总股本的比例差异比较

表 5—54 流通股占总股本的比例

省份	极小值	极大值	均值	标准差
陕西	0.185	8.435	3.596	2.004
甘肃	0.924	11.942	3.523	2.513
新疆	0.859	7.761	3.549	2.097
青海	1.123	10.016	3.768	3.036
宁夏	2.101	8.843	5.044	2.605

从上表可以看出，西北五省上市公司中流通股占总股本的比例差异不大，基本在 0.8 左右，但是极大值与极小值之间差别较大。

C. 小结

从上面的分析不难看出，西北五省上市公司在环境会计信息披露、环境规制程度、盈利能力和现金实力四个方面差异比较大，在其他能力方面虽然存在差异，但是差异不算太大。这必然促使西北五省应该根据各自能力强弱的不同，不断提高环境会计信息披露程度、环境规制程度、盈利能力和现金实力水平，促进西北五省上市公司的可持续发展。

(3) 西北五省分样本假设检验结果统计分析

通过对西北五省 75 家上市公司分别进行相关分析和多元线性回归分析，最终得出 10 个假设检验的结果，具体如表 5—55 所示。

表 5—55 西北五省上市公司假设检验结果

变量	陕西	甘肃	新疆	青海	宁夏
环境规制程度 X_1	+	-	-	-	+
资产负债率 X_2	-	+	-	+	+
净资产收益率 X_3	+	-	-	+	+
现金净利比 X_4	+	+	+	+	-
总资产周转率 X_5	-	+	-	+	-
主营业务收入增长率 X_6	+	-	-	-	+
每股净资产 X_7	-	+	-	+	+
资产的对数 X_8	-	+	-	+	+
独立董事的比例 X_9	-	-	-	+	+
流通股占总股本的比例 X_{10}	+	+	+	-	+

从上表可以看出，西北五省中在资产负债率、净资产收益率、现金净利比、每股净资产、资产的对数和流通股占总股本的比例6个方面，基本都有3个或3个以上的省份得出的结论是支持原假设；而关于环境规制程度和总资产周转率中仅有两个省份得出结论是支持原假设，即与环境会计信息披露正相关。但是主营业务收入增长率和独立董事比例仅有一个省份得出是正相关的结论，因此，基本可以得出这两个结果是拒绝原假设。

5.6 引入社会责任的环境会计信息披露实证研究过程及结果分析

5.6.1 样本的确定

由于需要引入新变量社会责任披露指数，而这一变量的计算是根据社会责任报告进行计算的。企业战略与公司治理、企业文化、投资者、员工、客户、合作伙伴、节能减排与安全生产、创新与技术进步、社会公益9个方面分别进行统计，最终赋值计算得到了披露指数值。但由于西北五省上市公司中披露社会责任报告的仅有27家上市公司，且其中剔除掉6家无法计算环境会计信息披露指数，最终能参与实证分析的有21家上市公司。具体上市公司的名称如表5—56所示。

表5—56 样本确定

代码	名称	代码	名称
601369	陕鼓动力	600737	中粮屯河
000516	开元投资	600089	特变电工
600456	宝钛股份	000877	天山股份
601958	金钼股份	600256	广汇股份
600893	航空动力	600197	伊力特
000962	东方钽业	600251	冠农股份
000815	*ST美利	002092	中泰化学
000635	英力特	600307	酒钢宏兴
000792	盐湖股份	000598	兴蓉投资
600117	西宁特钢	000981	银亿股份
601168	西部矿业		

5.6.2 研究假设的提出

本课题在结合前人研究成果的基础上，结合了西北地区的地域性特点，分析了西北五省上市公司行业所属的类别，通过查询上市公司的所属行业，可以发现其中有部分是国家规定的重污染行业，其他不是重污染企业，但是它们中有些也自愿披露了环境会计信息。本课题试图从内部影响效应域和外部影响效应域两方面对西北五省上市公司的环境信息披露程度进行研究。在研究之前首先根据需要提出相应的假设。其中重点提出了加入环境规制程度指标和社会责任披露指数后，提出假设 H1 为环境规制程度指标与环境会计信息披露呈正相关关系；H2 社会责任披露指数与环境会计信息披露呈正相关关系。

（1）从企业的内部影响效应提出以下假设

H3：企业现金实力与环境会计信息披露关系为正相关。

H4：企业成长能力与环境会计信息披露关系为正相关。

H5：企业偿债能力与环境会计信息披露关系为正相关。

H6：企业盈利能力与环境会计信息披露关系为正相关。

H7：企业营运能力与环境会计信息披露关系为正相关。

H8：企业价值与环境会计信息披露关系为正相关。

H9：企业规模与环境会计信息披露关系为正相关。

（2）从企业的外部影响效应提出以下假设

H10：独立董事所占比例与环境会计信息披露程度为正相关。

H11：流通股所占总股本的比例与环境会计信息披露的关系为正相关。

5.6.3 研究变量的初选与筛选

（1）因变量的选择与确定

本研究也选取了前人常用的环境会计信息披露指数，即以环境会计信息披露指数为因变量。本研究的环境会计信息披露指数计算公式为：环境会计信息披露指数（EDI）= 实际披露条目得分 ÷ 完全披露条目得分（或理想得分）。

通过上市公司行业所属，发现有多一半的企业都不是国家规定的重污染企业，因此在选择条目上考虑了重要性原则和针对性原则，从而确定需要搜集的西北五省上市公司环境会计信息披露条目的内容为：环境保护借款、环境保护拨款、环境保护的相关补贴和税收减免、环境保护的投资（如环保设备投资）、企业相关的绿化费、生产过程中的排污费、耗费的自然资源费、自然资源补偿费或资源税、企业的三废收支与节能减排、ISO14001 等环境相关认证、企业已通过的环保措施和方案及企业是否获得相关的环境保护的奖励或惩罚、国家地方环保政策影响 11 个方面。其中约定在这些内容的披露上，如果有定量披露或者定性与定量相结合披露的内容均给 2 分，其他的只有定性披露的给 1 分。这些数据通过逐个查询西北五省上市公司每年的年报及附注等内容来获取信息。

在研究引入环境规制变量时，所用的因变量为环境会计信息披露指数（EPDI），其通过财报和社会责任报告中公布的数据进行量化。主要集中对于环保投资、环保拨款、绿化费、排污费、资源税、三废及节能减排、是否通过 ISO 环境认证、环保奖惩、企业有无环保措施和国家与地方环保政策影响 10 个方面来进行量化的。其中在财报和社会责任报告中只要有定量信息披露给 2 分，若只有定性信息披露给 1 分，未披露给 0 分。因此，EPDI= 各公司的有效得分 / 理想得分。

(2) 自变量的选择与确定

在关于西北五省上市公司环境会计信息披露影响效应域的研究中，共提出了 10 个假设，依次选择了具有代表性的 10 个变量。分别代表了企业的环境规制程度、现金实力、成长能力、偿债能力、盈利能力、营运能力、企业价值、企业规模、独立董事所占比例和流通股所占总股本的比例等。部分代表性的指标是通过筛选得到的。

① 现金实力方面指标的选择

通过单因素方差分析及方差齐性检验最终得到的筛选结果如表 5—57 所示。

表 5—57 现金实力指标方差分析及方差齐性检验结果

代码	名称	代码	名称
601369	陕鼓动力	600737	中粮屯河
000516	开元投资	600089	特变电工
600456	宝钛股份	000877	天山股份
601958	金钼股份	600256	广汇股份
600893	航空动力	600197	伊力特
000962	东方钽业	600251	冠农股份
000815	*ST 美利	002092	中泰化学
000635	英力特	600307	酒钢宏兴
000792	盐湖股份	000598	兴蓉投资
600117	西宁特钢	000981	银亿股份
601168	西部矿业		

如果 Sig. 小于 0.05，则说明这些指标的不同组间具有明显差异。从上表的方差分析结果可以看出 Sig. 小于 0.05 的指标有现金净利比和现金总资产比。因此，保留了这两个指标。对数据进行方差齐性检验，筛选依据为从显著性概率看，Sig. 大于 0.05，说明各组的方差在 $a=0.05$ 水平上没有显著性差异，即方差具有齐性。从上表中方差齐性检验结果来看，其中现金净利比的显著性大于 0.05，现金净利比指标方差齐性检验结果显著性更高，因此最终确定的具有代表性的现金实力指标为现金净利比。因此，根据假设预期该指标系数符号为正号。

② 成长能力方面指标的选择：选择了主营业务收入增长率指标，由于只选择了一年的，所以计算公式采用传统的（本期的主营业务收入－上期的主营业务收入）÷ 上期的主营业务收入。因此，根据假设预期该指标系数符号为正号。

③ 营运能力方面指标的选择：通过单因素方差分析及齐性检验来确定代表性的指标，具体筛选结果如表 5—58 所示。

表 5—58 营运能力指标描述性统计分析及方差分析结果

代码	名称	代码	名称
601369	陕鼓动力	600737	中粮屯河
000516	开元投资	600089	特变电工
600456	宝钛股份	000877	天山股份
601958	金钼股份	600256	广汇股份
600893	航空动力	600197	伊力特
000962	东方钽业	600251	冠农股份
000815	*ST 美利	002092	中泰化学
000635	英力特	600307	酒钢宏兴
000792	盐湖股份	000598	兴蓉投资
600117	西宁特钢	000981	银亿股份
601168	西部矿业		

从上表可以看出，总资产周转率在不同组之间具有显著性差异。因此，将总资产周转率作为运营能力的代表性指标。

5.6.4 研究变量的确定

表5—59 研究指标及指标解释

指标所属项目	具体指标名称	计算公式	预期符号
环境规制程度	环境规制程度	各项环境绩效值之和 / 利润总额	＋
社会责任披露程度	社会责任披露指数	社会责任报告披露程度得分	＋
现金实力	现金净利比	经营活动现金净流量 / 净利润	＋
成长能力	主营业务收入增长率	(本年主营业务收入－上年主营业务收入) / 上年主营业务收入	＋
偿债能力	资产负债率	负债总额 / 资产总额	＋
盈利能力	净资产收益率	净利润 / 平均净资产额	＋
营运能力	总资产周转率	营业收入 / 平均资产总额	＋
企业价值	每股净资产	股东权益总额 / 普通股股数	＋
企业规模	资产的对数	Ln（资产总额）	＋
独立董事比重	独立董事的比例	独立董事人数 / 董事总人数	＋
流通股比重	流通股占总股本的比例	流通股 / 总股本	＋

注: 报表中没有明确的普通股股数数据，因我国股票的发行价格均为每股1元，所以用报表中的股本数代替普通股股数。

此处需要解释的是，本研究按照前人的思路对环境规制指标进行了修正选择，用利润总额代表企业对社会的贡献程度，用各项环境绩效值之和代表企业在环境方面的投资或花费，各项绩效值主要通过上市公司公布的环保投资、绿化费、排污费、资源税或资源费的值加总得到。社会责任披露指数是从企业战略与公司治理、企业文化、投资者、员工、客户、合作伙伴、节能减排与安全生产、创新与技术进步和社会公益9个方面进行评价给分的，若有定量信息披露给2分，若为定性描述给1分，没有披露者给0分。

5.6.5 多元线性回归模型的构建原理

本部分研究的多元线性回归模型为：

$$Y = \beta_0 + \beta_1 x_1 + \beta_2 x_2 + \beta_3 x_3 + \beta_4 x_4 + \beta_5 x_5 + \beta_6 x_6 + \beta_7 x_7 + \beta_8 x_8 + \beta_9 x_9 + \beta_{10} x_{10} + \beta_{11} x_{11}$$

其中：Y= 环境会计信息披露指数；X_1= 环境规制程度，X_2= 社会责任信息披露指数；X_3= 现金净利比；X_4= 主营业务收入增长率；X_5= 资产负债率；X_6= 净资产收益率；X_7= 总资产周转率；X_8= 每股净资产；X_9= 资产的对数；X_{10}= 独立董事的比例；X_{11}= 流通股占总股本的比例。

5.6.6 2012年样本数据的实证检验过程及结果分析

(1) 描述性统计分析

表 5—60 描述性统计量

变量	N	极小值	极大值	均值	标准差
环境规制程度 X_1	21	-264.363	9344.040	1077.393	2340.220
社会责任信息披露指数 X_2	21	0.375	0.875	0.658	0.136
资产负债率 X_3	21	0.075	0.790	0.574	0.178
净资产收益率 X_4	21	-0.310	19.130	2.196	4.690
现金净利比 X_5	21	-11.289	6.864	-0.152	4.057
总资产周转率 X_6	21	0.180	1.400	0.534	0.291
主营业务收入增长率 X_7	21	-0.269	0.427	0.025	0.182
每股净资产 X_8	21	1.673	10.016	4.618	2.356
资产的对数 X_9	21	9.443	10.664	10.043	0.405
独立董事的比例 X_{10}	21	0.333	0.444	0.360	0.033
流通股占总股本的比例 X_{11}	21	0.096	1.000	0.791	0.294
环境会计信息披露指数 Y	21	0.056	0.556	0.310	0.147

从上表可以看出，西北五省环境会计信息披露程度较低。同时，从新加入的社会责任披露指数来看，虽然仅有21家公司披露了社会责任报告，但是西北五省社会责任信息披露程度较好，均值为0.658。也说明了西北五省上市公司履行社会责任情况较为良好。此外，环境规制程度的极大值和极小值之间差别较大，说明了不同省份之间环境规制的程度差异较大。

(2) 变量的显著性检验

表 5—61 方差分析

变量		平方和	df	均方	F	显著性
（环境规制程度 X_1）	组间	16.601	8	2.075	7.326	0.001
	组内	3.399	12	0.283		
	总数	20.000	20			
（社会责任信息披露指数 X_2）	组间	2.920	8	0.365	0.256	0.969
	组内	17.080	12	1.423		
	总数	20.000	20			

变量		平方和	df	均方	F	显著性
（资产负债率 X_3）	组间	6.336	8	0.792	0.696	0.690
	组内	13.664	12	1.139		
	总数	20.000	20			
（净资产收益率 X_4）	组间	15.658	8	1.957	5.409	0.005
	组内	4.342	12	0.362		
	总数	20.000	20			
（现金净利比 X_5）	组间	11.474	8	1.434	2.019	0.132
	组内	8.526	12	0.711		
	总数	20.000	20			
（总资产周转率 X_6）	组间	10.594	8	1.324	1.689	0.199
	组内	9.406	12	0.784		
	总数	20.000	20			
（主营业务收入增长率 X_7）	组间	10.435	8	1.304	1.637	0.213
	组内	9.565	12	0.797		
	总数	20.000	20			
（每股净资产 X_8）	组间	6.372	8	0.796	0.701	0.686
	组内	13.628	12	1.136		
	总数	20.000	20			
（资产的对数 X_9）	组间	7.111	8	.889	0.828	0.595
	组内	12.889	12	1.074		
	总数	20.000	20			
（独立董事的比例 X_{10}）	组间	12.348	8	1.543	2.420	0.081
	组内	7.652	12	0.638		
	总数	20.000	20			
（流通股占总股本的比例 X_{11}）	组间	14.991	8	1.874	4.490	0.010
	组内	5.009	12	0.417		
	总数	20.000	20			

为了检验各个自变量是否对因变量有显著影响，于是本课题进行了方差分析检验，从而可以发现环境规制程度、净资产收益率和流通股占总股本的比例三个变量对因变量环境会计信息披露程度具有显著影响，也就是新加入的环境规制程度指标具有显著性影响，说明该指标对环境会计信息披露具有一定影响的。

（3）多元线性回归分析

表5—62 模型汇总

R	R方	调整R方	标准估计的误差	更改统计量			Durbin-Watson
				R方更改	F更改	Sig. F更改	
0.752	0.565	0.033	0.983	0.565	1.063	0.471	2.187

从上表可以看出，模型判别系数表中调整R方为0.033，说明在模型的拟合程度一般，但是也说明样本数据的解释能力较强。此外，杜宾值为2.187，在2的附近，这说明模型都不存在自相关的问题。

表5—63 多元线性回归结果

变量	非标准化系数		标准系数	t	Sig.	共线性统计量	
	B	标准误差	试用版			容差	VIF
（常量）	0.000	0.215		0.000	1.000		
（环境规制程度 X_1）	-0.030	0.311	-0.030	-0.096	0.926	0.500	2.002
（社会责任信息披露指数 X_2）	-0.122	0.275	-0.122	-0.444	0.668	0.641	1.561
（资产负债率 X_3）	-0.091	0.299	-0.091	-0.304	0.768	0.542	1.844
（净资产收益率 X_4）	-0.197	0.277	-0.197	-0.712	0.495	0.630	1.587
（现金净利比 X_5）	0.099	0.349	0.099	0.285	0.782	0.396	2.527
（总资产周转率 X_6）	-0.205	0.321	-0.205	-0.639	0.538	0.469	2.133
（主营业务收入增长率 X_7）	0.206	0.295	0.206	0.698	0.503	0.554	1.804
（每股净资产 X_8）	0.037	0.282	0.037	0.131	0.899	0.607	1.649
（资产的对数 X_9）	0.410	0.286	0.410	1.436	0.185	0.592	1.688
（独立董事的比例 X_{10}）	-0.566	0.333	-0.566	-0.697	0.124	0.435	2.298
（流通股占总股本的比例 X_{11}）	0.550	0.375	0.550	1.466	0.177	0.343	2.916

从模型的回归结果来看，11 个变量中有 5 个变量与因变量是正相关关系，剩余 6 个变量均与因变量为负相关关系。从模型得到的结果看，在模型中各变量的显著性不是特别高。

（4）检验结果解释

从上面多元回归分析结果可以看出，11 个变量中有些变量支持原假设，有些变量拒绝原有假设。具体分析如下：

A. 支持原假设

有 5 个变量支持原有假设，即与环境会计信息披露正相关。分别为：现金净利比、主营业务收入增长率、每股净资产、资产的对数和流通股占总股本的比例。也就是说，引入社会责任后，现金实力越强、成长能力越强、企业价值越大、规模越大以及流通股占总股本的比例越大，环境会计信息披露程度越高。

B. 拒绝原假设

有 6 个变量拒绝原有假设，与环境会计信息披露负相关。分别为：环境规制程度、社会责任信息披露指数、资产负债率、净资产收益率、总资产周转率和独立董事比例。也就是说，环境规制程度越高，西北五省上市公司披露的环境会计信息越少，这说明了政府对环境规制程度增强了，但是企业披露环境会计信息反而变少了；社会责任披露程度越大则环境会计信息披露越少，这可能是由目前社会责任报告的披露是企业自愿行为所导致的，同时披露内容的过于定性化也导致了环境会计信息披露较少；偿债能力、盈利能力和营运能力越强，企业披露的环境会计信息反而越少，这可能是由于西北五省公司之间在这些能力的表现方面差异较大所导致的；独立董事比例越大，环境会计信息披露越少，这说明独立董事未起到应有的监督作用。

5.7 西北地区社会责任履行及环境会计信息披露情况调研分析

5.7.1 问卷的设计、发放及回收情况

（1）问卷的设计

为了了解西北五省企业在社会责任背景下社会责任的履行情况和环境会计信息披露的情况，本研究在查阅相关文献资料、专家访谈和头脑风暴会的基础上设计调查问卷，并不断地修正调查问卷，最终在 2014 年 2 月设计出正式的调查问卷。调查问卷分为 5 个部分，设计了 50 个问题，每一部分都是根据调查的目

的和问卷的要求所设计的，具体内容如下：

第一部分；企业的基本情况。包括了 7 个方面的内容，即被调查的对象所属部门、所属行业性质、企业的性质、是否为上市公司、企业所在地和公司的规模等，更重要的是通过本部分还要了解到企业是否属于国家规定的 13 类污染类的企业，这样更有助于了解其后面的环境会计信息披露情况。

第二部分：企业人员对社会责任的理解与认识。包括了 9 个方面的内容，即对企业社会责任的了解程度如何、是否知道国家关于企业社会责任的规定及政策、是否听说过以下概念、贵企业的企业文化中是否包含有与社会责任相关的内容、所在企业可以承担的社会责任具体内容、贵公司在哪些方面仍需改进、履行社会责任对企业发展而言如何、履行社会责任对企业经营的影响如何、制约企业履行社会责任的主要约束因素是什么。

第三部分：企业社会责任的履行情况。包括了 12 个方面的内容，即是否建立了有关社会责任方面的委员会或类似机构、对本企业现在诚信建设进行自评、对本企业的产品质量安全保障机制进行自评、对本企业建立员工安全生产与职业健康机制进行自评、对本企业履行环保社会责任进行自评、对本企业节约能源方面的努力进行自评、对本企业参与到公益活动方面的努力进行自评、加大社会责任成本投入对企业的影响、企业是否存在情况、如何才能更好促进企业履行社会责任、对本企业的社会责任履行情况做出自评、对于企业社会责任，企业未来的打算。

第四部分：环境会计及环境会计信息披露状况。包括了 10 个方面的内容，即贵企业是否设置相关社会责任管理机构、贵企业进行环保的出发点、贵企业对环境会计的了解程度、在大力提倡社会责任的背景下，贵企业实施环境会计是否具有可行性、实施环境会计会对贵企业的成本和收益造成影响、是否有必要披露环境会计信息、贵企业是否向有关部门或者对外披露过下面定量的环境会计信息、贵企业是否向有关部门或者对外披露过下面定性的环境会计信息、贵企业若披露过环境会计信息的内容，其选择的环境会计信息披露方式有哪些、贵企业若未披露过环境会计信息的内容，将来若要披露环境会计信息的话，会选择哪些披露方式。

第五部分：社会责任与环境会计信息披露。包括了 12 个方面的内容，即在社会责任背景下，贵企业认为实施环境会计的必要程度、企业是否有必要进行环境会计培训、贵企业认为在社会责任背景下国家是否有必要出台环境会计相关准则、社会责任对企业环境会计实施的促进作用程度、在大力提倡社会责任背景下，您认为社会责任对企业环境会计的影响体现在哪些方面、社会责任背景下环境会计的实施所受到的制约性条件、企业履行社会责任越到位则对环境会计信息披露的影响越大、企业披露的环境会计信息越详尽，则对企业履行社会责任强度的影响越大、国家对环境规制的程度越强，则企业对环境会计信息披露的详尽程度、将来国家是否有必要强制所有的上市公司编制单独的环境报告、环境会计信息披露的多少是否对国家环境规制的强度有影响、在您周边的企业中，将履行社会责任和披露好环境会计信息两项工作都做好的企业数量。

（2）问卷的发放和回收情况

首先，问卷发放的时间。发放的时间主要从 2014 年 3 月 1 日到 4 月 30 日，通过 2 个月的深入调研，通过网络调查方式进行调研，得到了调研所需的数据。

其次，问卷发放的对象。主要针对西北五省范围内的企业进行调研，调研的企业集中在省会城市、周边地区级城市的大型、中小型企业。本研究侧重于向企业的财务人员进行发放。

最后，问卷的回收情况。本次调查研究共发放了 500 份问卷，回收 385 份，回收率为 77%。因问卷中没有涉及财务数据的内容，所以回收率较高。

5.7.2 问卷的基础性分析

根据问卷设计的初衷，问卷主要是从五个方面来进行调研的：一是企业基本情况的了解；二是企业人员对社会责任的理解与认识；三是企业社会责任的履行情况；四是环境会计及环境会计信息披露状况；五是社会责任与环境会计信息披露。

（1）企业基本情况的统计分析

1）企业所在地区的分布情况

由于本研究是西北五省上市公司在社会责任背景下的环境会计信息披露情况，因此本次发放对象主要是针对西北五省范围内的企业进行调研的。具体的企业分布情况见图 5—6 所示。

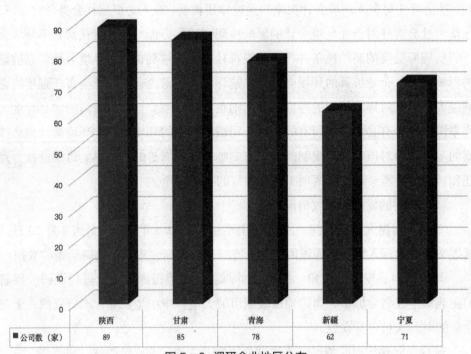

图5—6 调研企业地区分布

2）企业性质的统计分析

通过调研发现，企业的性质中，国有企业的较多，其中国有企业就有212家，所占比例为55.1%。这也是符合了本研究的目的，因为国有大中型企业在环境会计信息披露方面必须具有很高的表率作用。

3）企业行业分布情况的统计分析

由于主要研究的是环境会计的问题，因此在发放问卷中也较为侧重的将问卷发到属于国家13类污染的企业，其国家规定的13类重污染行业有：化工业、纺织业、造纸业、冶金业、采矿业、发酵业、石化业、煤炭业、火电业、建材业、制药业、酿造业、制革业。而被调研企业的行业所属情况的统计如表5—64所示：

表5—64 调研企业所属行业的公司数量统计

行业	化工	纺织	造纸	冶金	采矿	石化	火电	煤炭	建材	制药	其他
公司数（家）	48	56	26	8	17	30	5	35	9	41	110
合计	385										

关于被调研企业所属行业分布企业比例情况如图5—7所示。

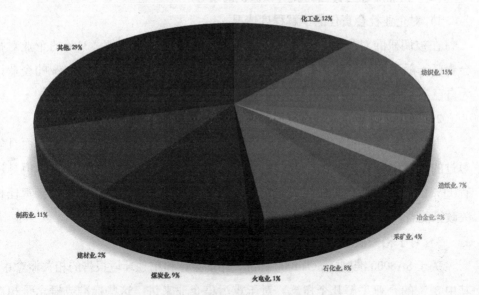

图 5—7 调研企业所属行业分布所占比重

4）调研企业的经营时间与经营规模的统计分析

通过上面的统计分析，可以发现被调研的其中大多数均为国有企业，所以它们的成立时间均比较久，经营时间较长，并且经营规模大多数都超过了亿元标准。具体的统计结果见表 5—65 所示。

表 5—65 企业成立时间与经营规模情况统计

成立时间	公司数	经营规模	公司数
1 年以下	0	年销售额 1000 万元以下	56
1~5 年	65	年销售额 1000 万～5000 万元	61
5~10 年	132	年销售额 5000 万～10000 万元	37
10 年以上	188	10000 万元以上	231
合计	385	合计	385

从上面的统计结果可以看出，在被调研的企业中有 49% 的企业经营时间已经在 10 年以上，且 60% 的企业是年销售额上亿的企业，这样对于本研究更具价值，在经营时间较长的公司中，不但能看出它们给社会创造价值和消耗能源，也更能看出它们对社会的影响情况，如果将来能对环境会计相关信息进行披露，则更能体现企业履行社会责任的情况。

(2) 企业对社会责任的理解和认识的统计

1) 对企业社会责任的了解程度情况

在被调研的对象中，有 65% 的企业对社会责任非常了解，31% 的企业对社会责任一般了解，但是其中 3% 的企业不了解但是很感兴趣，只有 1% 的企业认为自己不了解，也认为无关紧要。

2) 对国家关于企业社会责任的规定及政策的了解程度

其中有 61% 的企业对国家关于企业社会责任的规定和政策是知道，而且学习过的。其中还有 28% 的企业对社会责任相关规定和政策是知道一点，但是还有 11% 的企业对社会责任相关规定和政策是不知道的。这说明关于社会责任相关政策的普及和宣传还有待于加强。

3) 对于相关概念的了解情况

关于 SA8000 准则、ISO14000 标准、环境会计和单独环境报告的相关概念中，其中 81% 的企业了解几个概念。对于重污染企业来讲，这些标准或概念是相对熟悉的，但是对于非污染企业来讲，这些概念会相对陌生一些。但是，根据目前的调查情况来看，还是有必要加强企业对于这些概念的认识和理解。

4) 关于企业承担的社会责任内容情况

78% 的企业都将所有的选项列为社会责任的内容。说明企业对于社会责任的理解和认识还是相对广泛和全面的。也就是说社会责任内容包括确保企业利润、保护环境、节约资源、依法纳税、维护员工利益、技术自主创新、保证产品质量安全、积极参加公益活动、诚信经营、建立先进企业文化、遵守行业道德规范。但是有 22% 的企业选择了不同的社会责任的内容。

5) 对公司在社会责任方面的改进情况

有 53% 的企业认为在企业文化、技术创新、保护环境方面需要加强，也有一些企业认为需要在员工权益保护方面进一步加强。仅有个别企业认为在产品质量和参与公益活动方面需要加强。此次调研的目的是让企业梳理清楚社会责任内容和对自己履行社会责任内容的了解。

6) 履行社会责任对企业经营的影响情况

被调研的企业中对该问题的回答均不够一致，但是 51% 的企业在长期收益、提高收益方面是相对肯定的，但在社会责任对企业经营的财务负担和降低成本影响方面暂时没有准确的认识。其中有 33% 的企业认为是不清楚，还有 16% 的企业认为是没有任何影响。说明社会责任对企业经营的影响情况，企业没有足够的认识。这也就影响了其社会责任履行与企业经营业绩之间关联度认识。

7）制约企业履行社会责任的主要约束因素的调研情况

有31%的企业认为是对社会责任的认识度，有38%企业认为是领导层的观念，还有9%的企业认为是经营状况，还有7%的企业认为是企业规模，14%的企业认为是社会诚信环境不够良好，还有1%的企业认为是其他原因。这些说明了企业领导层应该加强社会责任意识，才能从内部对社会责任进行重视；同时，国家应该创造一个良好的诚信环境，给予企业一定的激励政策，这样才能从外部促使企业履行好社会责任。

（3）企业社会责任的履行情况

1）关于诚信的自我评价情况

通过调研发现，基本没有公司成立专门的社会责任方面的委员会或类似机构。关于对企业现在诚信建设的自评情况，其中有85%的企业认为设立了兼职的诚信管理部门，也有10%的企业认为计划加强企业诚信管理，有5%的企业设立了专门的诚信管理部门。

2）关于社会责任内容自我评价情况

表5—66　企业对社会责任内容自我评价情况统计

序号	自我评价项目	优秀	良好	一般	较差	未建立
1	企业产品质量安全保障机制的自我评价情况	77%	22%	3%	0%	0%
2	企业建立员工安全生产与职业健康机制的自我评价情况	81%	9%	10%	0%	0%
3	企业履行环保社会责任的自我评价情况	92%	8%	0%	0%	0%
4	企业节约能源方面的努力的自我评价情况	80%	9%	11%	0%	0%
5	企业参与公益活动方面的努力进行自评	79%	12%	9%	0%	0%

通过对五项社会责任内容自我评价情况的调研发现，西北五省的企业分别在产品质量安全保障机制、安全生产与职业健康机制、环保社会责任、节约能源和参与公益活动方面表现均比较优秀。这说明西北五省的企业在社会责任方面表现较为优秀，当然也有一些企业的社会责任相关机制方面有待加强和完善。

3）企业社会责任履行情况

在关于加大社会责任成本投入对企业的影响中，100%的企业认为都是利大于弊的。而且西北五省的企业也不存在强迫劳动、就业和职业方面的歧视行为、招聘童工劳动和漠视及践踏人权的行为等情况，也就是说企业在履行社会责任方面均比较好地遵循了社会责任的规则。

在如何更好促进企业履行社会责任的方面，其中有3%的企业认为政府引导是重要的，9%的企业认为法律强制是重要的，77%的企业认为企业自觉履行是非常重要的，9%的企业认为社会监督是重要的，2%的企业认为可能还有其他的重要措施可以促进企业履行社会责任。此外，企业对于社会责任履行情况是优秀的，而且关于社会责任方面，100%的企业认为以后应该充分重视社会责任并将其纳入企业发展战略。

(4) 环境会计及环境会计信息披露状况

1) 企业是否设有专门的环保部门

在调研企业是否设有专门的环保部门中，有31家公司设有专门的环保部门（所占比例为8%），有354家公司没有设专门的环保部门（所占比例达到了92%）。通过对一些企业进行实地调研发现，很多企业没有设立专门的环保部门，关于环保相关的职责是在其他一些部门完成这个任务的，如企管部、内控部等。这也在一定程度上说明，企业的环保意识有待加强。

2) 企业环保的出发点情况统计分析

此次调研主要从国家政策压力(A)，企业自身发展需要(B)，公众压力(C)，其他 (D) 四个方面进行调研的。具体的统计情况如图5—8所示。

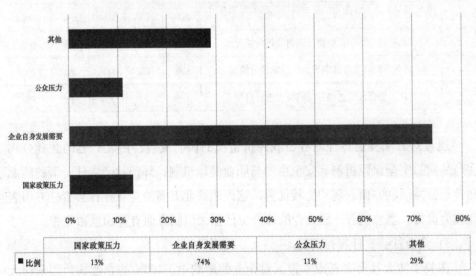

	国家政策压力	企业自身发展需要	公众压力	其他
■ 比例	13%	74%	11%	29%

图5—8　企业环保出发点统计

从上图可看出，有74%的企业环保的出发点是企业自身发展需要，这一点是值得肯定的，说明大多数的企业环境保护的出发点是自愿的，而不是迫于压力。但是我们也不能忽视还有接近13%的企业环保出发点是出于国家政策压力，11%的企业环保出发点是出于公众的压力，这说明了这些企业需要提高自身的环保积极性和环保的意识。而2%的企业环保出发点选择了其他，原因可能是企业环境保护还出于其他的目的考虑。

3）企业对环境会计的了解与实施可行性统计分析

在被调研的企业中，对环境比较了解的占7%，基本了解的占68%，基本不了解的占25%。也就是说大部分企业对于环境会计的了解程度一般，还有待国家以后加强宣传和指导。此外，在目前大力提倡履行社会责任的背景下，有51%的企业认为实施环境会计是具有可行性的，同时也有将近一半的企业认为不具有可行性。因为实施环境会计可能还会受到很多因素的影响，如国家政策、企业自身和社会环境等，这在一定程度上会制约环境会计的实施。因此，这说明了实施环境会计还需要一定的时间和过程。

4）企业对环境会计信息披露情况统计分析

关于实施环境会计对企业的成本和收益影响的调研中发现，有56%的企业对其实施充满了期待；有32%的企业认为会增加企业成本，同时也带来收益；有12%的企业认为实施环境会计仅仅会增加企业的成本，如专门环境会计人才的设置等。

① 披露内容的统计分析：问卷主要考察企业环境会计信息披露内容中的财务信息与非财务信息。通过问卷可以看出，有45%的企业认为有必要披露环境会计信息；有61%的企业对外披露相关的环境会计信息，主要原因可能是由于被调研企业中大多数为重污染的企业。在对外披露的信息中，定性信息占比较大，重污染的企业中几乎每个企业都或多或少地披露了环境会计信息的相关内容。但是在定量信息的披露方面不是非常理想。由于允许企业多选，所以在披露的定量信息中，环保投资进行披露的企业占7%，排污费的占41%，资源费、资源补偿费等（资源税）占53%，三废收支与节能减排情况66%，与环境保护有关的社会活动赞助支出占2%。关于定性信息的披露中，其中ISO等环境相关认证为5%，企业环境治理及改善状况60%，企业已通过的环境保护措施和方案72%，一个会计期间耗费的自然资源12%，国家地方环保政策影响77%，环保奖励（如称号或荣誉等）57%。

② 披露方式的统计分析：主要从年报及年报附注（A）、招股说明书（B）、董事会报告（C）、重要事项（D）、单独环境报告（E）、企业内部会议记录（F）、企业管理层的讨论与分析（G）、社会责任报告（H）和其他（I）九个方面调研的，企业可以对披露的方式多选。

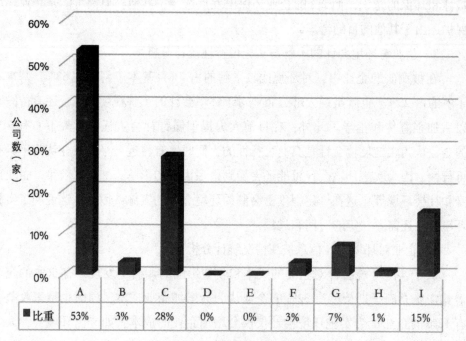

比重	A	B	C	D	E	F	G	H	I
比重	53%	3%	28%	0%	0%	3%	7%	1%	15%

图 5—9　企业披露方式整体统计

从统计结果可以看出，总体披露中有 53% 的企业选择在年报及年报附注中披露，有 28% 的企业选择或者同时选择用董事会报告进行披露，还有 15% 的企业选择用其他方式进行披露，可能原因在于被调研企业大多数为非上市公司，还有可能的原因在于目前对于环境会计信息披露不是强制性的，所以企业可以选择有利于自己的方式进行披露。

（5）社会责任与环境会计信息披露

1）在社会责任背景下，实施环境会计必要性相关情况统计

在社会责任背景下，77% 的企业认为实施环境会计是有必要的；有 68% 的企业认为有必要对企业进行环境会计方面的培训；有 67% 的企业认为国家有必要出台环境会计相关准则。而社会责任对企业环境会计实施的促进作用方面认为非常强的 15%，强的占 19%，一般的占 46%，弱的占 11%，非常弱的占 9%。同时，

在大力提倡社会责任背景下，认为社会责任对企业环境会计的影响体现在会计人员素质要求（78%）、会计核算要求（61%）、相关法律制度（14%）、缴纳的税收（15%）、其他（18%）等方面，选择其他的可能原因是企业目前关于社会责任对环境会计的影响处于很大的不确定性。

2）在社会责任背景下，环境会计的实施所受到的制约性条件情况统计

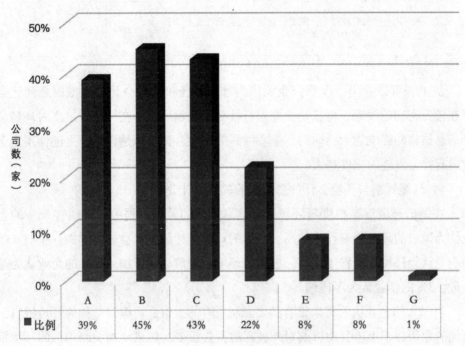

图5—10 企业未设置账户的原因选项统计

	A	B	C	D	E	F	G
■比例	39%	45%	43%	22%	8%	8%	1%

其中A至G分别代表：A. 环境会计准则的缺位；B. 可操作性差；C. 专业人才的缺乏；D. 计量和成本分配方面存在困难；E. 详尽披露有可能对企业产生负面影响；F. 由此带来的成本费用增加；G. 其他。从图5-10可以看出，我国环境会计准则缺位，没有规范性的政策，这样也就导致企业的环境会计的可操作性较差；同时目前环境会计的人才也比较缺乏，这促使我国应该注重对环境会计人才的培养；由于我国没有对环境会计的相关准则规范，这样导致企业针对环境会计的相关内容的计量和成本分配存在困难。当然，也有少量企业从自身利益出发，详尽披露环境会计内容可能对企业产生负面影响，以及由此带来的成本费用增加。

3）社会责任与环境会计信息披露关系情况统计

表5—67　社会责任与环境会计信息披露关系情况统计

项目	非常强	强	一般	弱	非常弱
企业履行社会责任越到位，则对环境会计信息披露的影响越大	19%	21%	47%	7%	6%
企业披露的环境会计信息越详尽，则对企业履行社会责任强度的影响越大	33%	28%	20%	10%	9%

从上表可以看出，大部分企业认为社会责任和环境会计信息披露之间还是存在较为密切的关系。也就是企业履行社会责任越到位，在一定程度上对环境会计信息披露的影响越大；同时，企业披露的环境会计信息越详尽，更能体现出企业履行社会责任的强度越大。

4）环境规制与环境会计信息披露的关系统计分析

在调研环境规制程度与环境会计信息披露的关系过程中，发现有58%的企业认为国家的环境规制程度越高，披露的环境会计信息越会非常详细；也有23%的企业认为环境规制程度越高，披露的环境会计信息越详细；16%的企业认为是一般，3%的企业认为不详细。

有52%的企业认为将来没有必要强制所有的上市公司编制单独的环境报告，可能的原因在于上市公司目前对外披露的报告较多，如果增加编制单独的环境报告，这势必会增加会计人员的工作量。此外，有39%的企业认为环境会计信息披露的多少对国家环境规制的强度有影响，这可能与企业对环境规制和环境会计信息披露之间的关系认识不足有关系。最后，66%的企业认为在他们的周边将履行社会责任和披露好环境会计信息两项工作都做好的企业数量一般，这个结果可能与企业对于二者的理解和关注程度有很大的关联关系，但是也在一定程度上说明，企业有必要在加强社会责任履行的同时，做好相应的环境会计信息披露工作。

6 丝绸之路经济带上市公司环境会计信息披露现状——基于年报视角

6.1 丝绸之路经济带上市公司的基本情况

通过巨潮资讯网和国泰安数据库的查询，截至 2014 年 12 月 31 日，西北五省的上市公司有 125 家，西南四省的上市公司有 209 家。通过逐项查询每家上市公司的财务报表及相关报告资料，得到了西北五省和西南四省上市公司的基本情况。公司代码及公司名称具体如表 6—1 ～表 6—9 所示。

表 6—1 陕西省上市公司样本

序号	代码	名称	序号	代码	名称	序号	代码	名称
1	000516	国际医学	15	002673	西部证券	29	600456	宝钛股份
2	000561	烽火电子	16	300023	宝德股份	30	600706	曲江文旅
3	000563	陕国投 A	17	300103	达刚路机	31	600707	彩虹股份
4	000564	西安民生	18	300114	中航电测	32	600817	*ST 宏盛
5	000610	西安旅游	19	300116	坚瑞消防	33	600831	广电网络
6	000697	炼石有色	20	300140	启源装备	34	600893	中航动力
7	000721	西安饮食	21	300164	通源石油	35	600984	建设机械
8	000768	中航飞机	22	600080	金花股份	36	601012	隆基股份
9	000796	凯撒旅游	23	600217	秦岭水泥	37	601179	中国西电
10	000812	陕西金叶	24	600248	延长化建	38	601225	陕西煤业
11	000837	秦川机床	25	600302	标准股份	39	601369	陕鼓动力
12	002109	*ST 兴化	26	600343	航天动力	40	601958	金钼股份
13	002149	西部材料	27	600379	宝光股份	41	600771	广誉远
14	002267	陕天然气	28	600455	博通股份			

表6—2　甘肃省上市公司样本

序号	代码	名称	序号	代码	名称	序号	代码	名称
1	000552	靖远煤电	9	002185	华天科技	17	600311	荣华实业
2	000672	上峰水泥	10	002219	恒康医疗	18	600354	敦煌种业
3	000779	三毛派神	11	002644	佛慈制药	19	600516	方大炭素
4	000791	甘肃电投	12	300021	大禹节水	20	600543	莫高股份
5	000929	兰州黄河	13	300084	海默科技	21	600687	刚泰控股
6	000981	银亿股份	14	600108	亚盛集团	22	600720	祁连山
7	000995	*ST 皇台	15	600192	长城电工	23	600738	兰州民百
8	002145	中核钛白	16	600307	酒钢宏兴	24	601798	蓝科高新

表6—3　宁夏上市公司样本

序号	代码	名称	序号	代码	名称	序号	代码	名称
1	002457	青龙管业	5	000557	*ST 广夏	9	000635	英力特
2	000962	东方钽业	6	000982	中银绒业	10	000862	银星能源
3	000815	*ST 美利	7	600785	新华百货	11	600146	大元股份
4	000595	*ST 西轴	8	600165	新日恒力	12	600449	宁夏建材

表6—4　青海上市公司样本

序号	代码	名称	序号	代码	名称	序号	代码	名称
1	000606	*ST 易桥	4	600117	西宁特钢	7	600714	金瑞矿业
2	000792	盐湖股份	5	600243	青海华鼎	8	600869	智慧能源
3	002646	青青稞酒	6	600381	ST 春天	9	601168	西部矿业

表6—5　新疆上市公司样本

序号	代码	名称	序号	代码	名称	序号	代码	名称
1	300313	天山生物	14	600084	ST 中葡	27	600581	八一钢铁
2	300159	新研股份	15	000415	渤海租赁	28	600509	天富热电
3	002524	光正钢构	16	600090	啤酒花	29	600251	冠农股份
4	300106	西部牧业	17	600888	新疆众和	30	600425	青松建化

序号	代码	名称	序号	代码	名称	序号	代码	名称
5	002307	北新路桥	18	600778	友好集团	31	600545	新疆城建
6	002302	西部建设	19	600337	美克股份	32	600540	新赛股份
7	000972	*ST 中基	20	000159	国际实业	33	002092	中泰化学
8	600359	*ST 新农	21	000562	宏源证券	34	002100	天康生物
9	600737	中粮屯河	22	600256	广汇股份	35	002202	金风科技
10	600089	特变电工	23	600197	伊力特	36	002205	国统股份
11	600075	新疆天业	24	600339	天利高新	37	002207	准油股份
12	000813	天山纺织	25	600419	ST 天宏	38	600721	百花村
13	000877	天山股份	26	600506	ST 香梨	39	002700	新疆浩源

表 6—6 重庆上市公司样本

序号	代码	名称	序号	代码	名称	序号	代码	名称
1	000514	渝 开 发	16	002765	蓝黛传动	31	600452	涪陵电力
2	000565	渝三峡 A	17	200054	建摩 B	32	600565	迪马股份
3	000591	桐君阁	18	200625	长 安 B	33	600666	西南药业
4	000625	长安汽车	19	300006	莱美药业	34	600729	重庆百货
5	000656	金科股份	20	300122	智飞生物	35	600847	万里股份
6	000688	建新矿业	21	300194	福安药业	36	600877	中国嘉陵
7	000736	中房地产	22	300275	梅安森	37	600917	重庆燃气
8	000788	北大医药	23	300363	博腾股份	38	601005	重庆钢铁
9	000892	*ST 星美	24	600106	重庆路桥	39	601158	重庆水务
10	000950	建峰化工	25	600116	三峡水利	40	601777	力帆股份
11	001696	宗申动力	26	600129	太极集团	41	601965	中国汽研
12	002004	华邦颖泰	27	600132	重庆啤酒	42	603100	川仪股份
13	002507	涪陵榨菜	28	600279	重庆港九	43	603601	再升科技
14	002558	世纪游轮	29	600292	DR 中电远	44	603766	隆鑫通用
15	002742	三圣特材	30	600369	西南证券			

表6—7　四川上市公司样本

序号	代码	名称	序号	代码	名称	序号	代码	名称
1	000155	*ST 川化	35	002366	丹甫股份	69	600101	明星电力
2	000509	华塑控股	36	002386	天原集团	70	600109	国金证券
3	000510	*ST 金路	37	002422	科伦药业	71	600131	岷江水电
4	000568	泸州老窖	38	002466	天齐锂业	72	600137	浪莎股份
5	000586	汇源通信	39	002480	新筑股份	73	600139	西部资源
6	000593	大通燃气	40	002497	雅化集团	74	600321	国栋建设
7	000598	兴蓉环境	41	002539	新都化工	75	600331	宏达股份
8	000628	高新发展	42	002628	成都路桥	76	600353	旭光股份
9	000629	攀钢钒钛	43	002629	仁智油服	77	600378	天科股份
10	000693	华泽钴镍	44	002630	华西能源	78	600391	成发科技
11	000710	天兴仪表	45	002651	利君股份	79	600438	通威股份
12	000731	四川美丰	46	002697	红旗连锁	80	600466	蓝光发展
13	000757	浩物股份	47	002749	国光股份	81	600505	西昌电力
14	000790	华神集团	48	002773	康弘药业	82	600528	中铁二局
15	000801	四川九洲	49	300019	硅宝科技	83	600558	大西洋
16	000803	金宇车城	50	300022	吉峰农机	84	600644	*ST 乐电
17	000810	创维数字	51	300028	金亚科技	85	600674	川投能源
18	000835	长城动漫	52	300092	科新机电	86	600678	四川金顶
19	000858	五 粮 液	53	300101	振芯科技	87	600702	沱牌舍得
20	000876	新希望	54	300127	银河磁体	88	600733	S 前锋
21	000888	峨眉山 A	55	300249	依米康	89	600779	*ST 水井
22	000912	*ST 天化	56	300362	天保重装	90	600793	*ST 宜纸
23	000935	四川双马	57	300366	创意信息	91	600804	鹏博士
24	002023	海特高新	58	300414	中光防雷	92	600828	成商集团
25	002143	印纪传媒	59	300425	环能科技	93	600839	四川长虹
26	002190	成飞集成	60	300432	富临精工	94	600875	东方电气

序号	代码	名称	序号	代码	名称	序号	代码	名称
27	002246	北化股份	61	300434	金石东方	95	600880	博瑞传播
28	002253	川大智胜	62	300440	运达科技	96	600979	广安爱众
29	002258	利尔化学	63	300463	迈克生物	97	601107	四川成渝
30	002259	升达林业	64	300467	迅游科技	98	601208	东材科技
31	002268	卫士通	65	300470	日机密封	99	603077	和邦股份
32	002272	川润股份	66	300471	厚普股份	100	603333	明星电缆
33	002312	三泰控股	67	600039	四川路桥			
34	002357	富临运业	68	600093	禾嘉股份			

表 6—8 云南上市公司样本

序号	代码	名称	序号	代码	名称	序号	代码	名称
1	000538	云南白药	11	002059	云南旅游	21	600265	ST景谷
2	000560	昆百大A	12	002114	罗平锌电	22	600422	昆药集团
3	000667	美好集团	13	002200	云投生态	23	600459	贵研铂业
4	000807	云铝股份	14	002265	西仪股份	24	600497	驰宏锌锗
5	000878	云南铜业	15	002428	云南锗业	25	600725	云维股份
6	000903	云内动力	16	002727	一心堂	26	600792	云煤能源
7	000948	南天信息	17	002750	龙津药业	27	600806	昆明机床
8	000960	锡业股份	18	300142	沃森生物	28	600883	博闻科技
9	002033	丽江旅游	19	600096	云天化	29	600995	文山电力
10	002053	云南盐化	20	600239	云南城投	30	601099	太平洋

表 6—9 广西上市公司样本

序号	代码	名称	序号	代码	名称	序号	代码	名称
1	000528	柳工	13	002166	莱茵生物	25	600368	五洲交通
2	000582	北部湾港	14	002175	东方网络	26	600423	柳化股份
3	000608	阳光股份	15	002275	桂林三金	27	600538	国发股份

195

序号	代码	名称	序号	代码	名称	序号	代码	名称
4	000662	索芙特	16	002329	皇氏集团	28	600556	慧球科技
5	000703	恒逸石化	17	002592	八菱科技	29	600712	南宁百货
6	000716	黑芝麻	18	002696	百洋股份	30	601003	柳钢股份
7	000750	国海证券	19	300422	博世科	31	601368	绿城水务
8	000806	银河投资	20	600236	桂冠电力	32	601996	丰林集团
9	000833	贵糖股份	21	600249	两面针	33	603166	福达股份
10	000911	南宁糖业	22	600252	中恒集团	34	603368	柳州医药
11	000953	河池化工	23	600301	*ST 南化	35	603869	北部湾旅
12	000978	桂林旅游	24	600310	桂东电力	36		

6.2 丝绸之路经济带上市公司环境会计信息披露状况统计分析

6.2.1 西北五省上市公司环境会计信息披露现状

（1）披露内容

纵观全国上市公司的环境会计信息披露的内容，可以发现主要分为两大类：一类是财务信息，如环保投资、环保拨款、补贴和税收减免、排污费、资源费或资源税、绿化费和环保借款、诉讼、赔偿、赔款及奖励等；另一类是非财务信息，如三废收支与节能减排情况、ISO 环境认证、企业环境治理及改善状况、企业已通过环境保护措施和方案、一个会计期间耗费的自然资源、国家地方环保政策影响和环保奖励或惩罚等。我国的上市公司环境会计信息披露形式是以自愿性披露方式为主，虽然对重污染的企业国家实行了强制性披露，但是强制力度不大。从而导致不同的企业披露环境会计信息的目的不同，如有些企业迫于国家压力披露环境会计信息，有些企业为了声誉等来主动披露环境会计信息。具体每一项的披露情况如表 6—10 所示。

表 6-10 2014 年西北五省上市公司环境会计信息披露内容

单位：家

省份	环保借款	环保拨款与补贴等	环保投资	绿化费	排污费	资源费、资源补偿费或资源税等	三废及节能减排情况	ISO等环境认证	企业已通过环境保护措施和方案	环保奖励或惩罚	国家地方环保政策影响
陕西	0	7	7	4	7	4	5	2	1	5	14
甘肃	0	14	4	3	10	8	17	6	3	10	11
新疆	0	6	4	9	3	9	0	11	5	1	7
青海	0	4	5	0	0	2	1	5	4	3	5
宁夏	0	2	2	1	4	2	4	1	0	1	3

从表 6—10 可以看出，西北五省上市公司环境会计信息披露的内容涉及了环保拨款与补贴、环保投资、绿化费、资源费、资源补偿费或资源税等方面。从大体上看，似乎披露的项目较多，尤其是陕西省和甘肃省上市公司环境会计信息披露的内容比较充分，但是其他各省具体到某个项目上，披露的公司数目还是不多。与国内东部地区的上市公司相比较，西北五省上市公司披露的内容上存在较大的局限性和不足。

2014 年西北五省 125 家上市公司中有很大一部分都顺应发展要求、响应国家和地方号召披露了环境会计信息，尤其是在三废以及节能减排和国家地方环保政策影响这两项披露内容上，有一半左右的上市公司均有披露。这一方面是国家和地方政策强制作用的体现；另一方面反映出西北地区上市公司对于环境会计信息披露的重视。2014 年西北五省上市公司受到国家继续提倡的低碳经济的理念和履行社会责任号召的影响，较为充分地披露环境会计信息，在利用资源的同时，也披露了企业对资源的影响情况，以及披露了公司对环境治理方面的投入情况。从各项披露内容的公司数量比较中可以看出，西北五省上市公司中，没有一家公司有环保借款，但是环保拨款和补贴披露的比较多，这反映出西北五省上市公司的环保投入资金大部分来源于政府的投入和企业的剩余资金，大部分上市公司不愿意为了环保方面的投入专门举债借款。

财务信息内容的披露方面，在环保拨款、环保投资、绿化费、排污费、资源税、资源补偿费以及三废节能减排等方面均有体现，尤其是在三废及节能减排上体现尤为集中。而在非财务信息方面主要集中在企业受国家地方环保政策影响和企业已通过环保措施和方案的披露上，尤其是近年来受低碳经济影响，这从一个侧面体现了我国和西北地区较为可行的环保政策的影响，当然从另一个侧面也可以看出企业在低碳经济和提倡履行社会责任的影响下，企业环保意识的增加，环保理念的加强。

当然，我们在看到西北地区上市公司披露环境会计信息积极的一面时，也应该看到其披露环境会计内容不足的一面。不足主要体现在一方面是环保借款，关于环保借款2014年西北地区125家上市公司中没有上市公司为了环保去借款，企业大量的借款中不会为了环保而向相关机构贷款，从某种程度上来说，企业的环保意识还不是特别强。另一方面是ISO等环保认证方面，从上表可以看出，西北地区上市公司中获得ISO相关环保认证公司较2013年比例有所上升，但是总体比例还是不算高，这也能看出履行社会责任的理念和低碳经济观点对企业渗透的程度还是不够深入，有待以后进一步加强。

(2) 披露方式

采取什么样的方式来对环境会计信息进行披露，我国暂时没有一个统一的标准。但是纵观全国上市公司环境会计信息披露方式，主要集中于以下7种方式：财务报告及附注、董事会报告、重要事项、招股说明书、单独的环境报告、企业内部会议记录、企业管理层的讨论和分析。关于西北五省上市公司环境会计信息披露方式的选择，研究主要集中于财务报告及附注、董事会报告、重要事项、招股说明书、单独环境报告和社会责任报告这六种方式的统计。关于西北五省上市公司环境会计信息披露方式的具体情况如表6—11所示，表6—11列示了截至2014年西北五省的上市公司环境会计信息披露方式选择的情况。

表6—11 2014年西北地区上市公司环境会计信息披露方式

单位：家

省份	董事会报告	财务报告及附注	社会责任报告	单独环境报告
陕西	8	22	6	0
甘肃	14	9	3	0
新疆	30	34	11	0
青海	7	9	4	1
宁夏	2	7	3	0
合计	61	81	27	1

资料来源：根据西北五省125家上市公司2014年年报手工搜集资料和整理完成。

从表 6—11 可以看出，西北五省上市公司的环境会计信息披露的方式主要集中于财务报告及附注、董事会报告，其中新疆和陕西的上市公司选择社会责任报告来披露环境会计信息的也比较多。另外，只有青海省的西部矿业股份有限公司出具了单独环境报告。从各省的综合评价来看，新疆、甘肃、陕西三省（自治区）的上市公司环境会计信息披露较好。但是在个别披露方式上，还存在一些不足，如有些上市公司有社会责任报告，但是并没有提到关于环境会计信息的有价值的内容，还有一些企业选择在重要事项和招股说明书中进行披露，但是披露方式的侧重点还是有些过于集中，有必要在以后的披露中作出改善。总体来说，西北五省上市公司环境会计信息披露方式还是较为单一的，这基本与全国范围内的上市公司一致。

6.2.2 西南四省市上市公司环境会计信息披露现状

本研究以西南地区 209 家上市公司为研究对象，剔除年报资料不全的公司，最终得到 194 个有效样本，通过分析其 2014 年年度报告、社会责任报告（可持续报告）以及环境报告书，获取上市公司披露的环境会计信息。

（1）披露数量

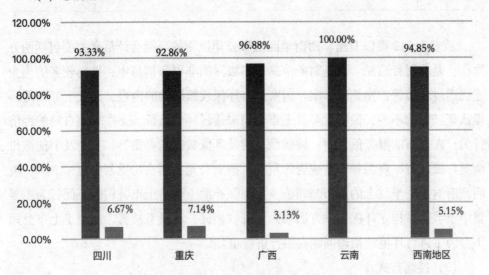

图 6—1 2014 年西南地区上市公司环境会计信息披露数量柱形图

从图 6—1 可以看出，在西南四省市 194 家上市公司中，94.85% 的上市公司对于其环境会计信息进行了披露，5.15% 的上市公司未披露其环境会计信息，整体披露情况较高。其中：四川、重庆、广西、云南的披露比例分别为93.33%、92.86%、96.88%、100.00%，云南省所有上市公司都对其环境会计信息进行了披露，在四省市中披露比例最高。四川、重庆、广西、云南的未披露比例分别为6.67%、7.14%、3.13%、0.00%，重庆市未披露比例最高，总体披露情况劣于其他三省。

(2) 披露内容

表6—12 2014年西南地区上市公司环境会计信息披露内容

单位：家

省份	环保借款	环保拨款与补贴等	环保投资	绿化费及排污费	资源费、资源补偿费或资源税等	三废及节能减排情况	ISO等环境认证	企业已通过环境保护措施和方案	环保奖励或惩罚	国家地方环保政策影响
四川	0	45	14	17	47	43	12	48	24	48
重庆	0	21	4	5	25	17	6	21	10	16
广西	0	18	8	7	25	23	1	19	8	12
云南	0	16	11	13	22	23	9	21	9	11

从表6—12可以看出，西南地区上市公司披露的环境会计信息主要包括两方面：一是非财务信息，二是财务信息。在披露的非财务信息中，披露较多的为企业已通过环境保护措施和方案、国家地方环保政策影响的内容，而关于ISO等环境认证披露的不多，说明大多数上市公司未通过环境认证，无法规范自身的经济行为；在披露的财务信息中，披露最多的是环保拨款与补贴等、三废及节能减排情况、资源费、资源补偿费或资源税等，披露公司数所占比重都超过了50%，说明政府对于一半以上的上市公司给予了环保补助，目前上市公司的环保行为主要集中于节能减排。环保借款方面与西北五省相同，都没有披露。说明了上市公司不会为了进行环境的治理问题向银行进行借款。

(3) 披露方式

从图6—2可以看出，西南四省194家上市公司的环境会计信息披露方式包括董事会报告、财务报告及附注、社会责任报告以及环境报告书。其中，通过董事会报告、财务报告及附注披露环境会计信息的公司比例分别为80.93%、76.80%，这说明上市公司披露环境会计信息主要集中于年度报告中的董事会报告、财务报告及附注；在西南地区194家上市公司中，通过社会责任报告披露环境会计信息的公司比例为22.68%，说明大多数上市公司没有单独发布社会责任报告；而披露环境报告书的公司比例仅为2.58%，其中，重庆、广西没有上市公司披露环境报告书，说明专门通过环境报告书披露环境会计信息的公司比例极低，上市公司未通过环境报告书对其经营活动产生的环境影响进行全面评价。各省市具体披露方式见表6—13。

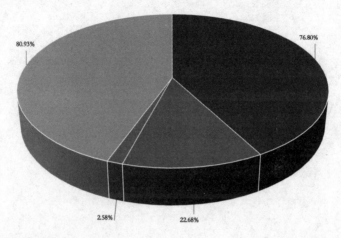

注：同一上市公司可能采取多种披露方式。

图6—2 2014年西南地区上市公司环境会计信息披露方式

表6—13 2014年西南地区各省市上市公司环境会计信息披露方式

地区	样本数	董事会报告		财务报告及附注		社会责任报告		环境报告书	
		披露数	比例	披露数	比例	披露数	比例	披露数	比例
四川	90	74	82.22%	65	72.22%	19	21.11%	3	3.33%
重庆	42	29	69.05%	34	80.95%	5	11.90%	0	0.00%
广西	32	27	84.38%	28	87.50%	6	18.75%	0	0.00%
云南	30	27	90.00%	22	73.33%	14	46.67%	2	6.67%
合计	194	157	80.93%	149	76.80%	44	22.68%	5	2.58%

注：同一上市公司可能采取多种披露方式。

7 社会责任视角下丝绸之路经济带上市公司环境信息披露现状

7.1 社会责任报告的发布情况分析

截至 2014 年 12 月 31 日，西北五省上市公司数量总共 125 家，西南四省的上市公司数量共有 209 家，而公布社会责任报告的西北五省有 30 家，西南四省有 48 家，所占比重分别为 24% 和 23%。说明西北五省和西南四省上市公司社会责任报告的整体发布比例不高，总体状况也不够理想。关于西北五省和西南四省上市公司的总体情况及发布社会责任报告的情况如表 7—1 和表 7—2 所示。

表 7-1　丝绸之路经济带上市公司分布情况

序号	省（市、区）	数量（家）
1	陕西	41
2	新疆	39
3	甘肃	24
4	宁夏	12
5	青海	9
6	四川	100
7	云南	30
8	广西	35
9	重庆	44
	合计	334

表7—2　丝绸之路经济带上市公司发布社会责任报告情况

序号	项目	数量	社会责任报告的数量	发布社会责任报告所占比重
1	西北五省	125	30	24%
2	西南四省	209	48	23%
	合计	334	78	47%

7.2 社会责任报告下的环境会计信息披露情况分析

通过查询丝绸之路经济带2013年、2014年和2015年公布社会责任报告的上市公司的相关数据，来对比三年环境会计信息的披露情况。从表7-3和表7-4可以看出，多数上市公司的社会责任报告的页数后一年比前一年多。但是，环境信息方面的页数，有些企业的页数比以前多了，也有一些比以前少了。总体来说，社会责任页数多，在一定程度上说明社会责任履行的内容会较多；而环境信息内容的变化，也体现出企业对环境信息的重视，但是重视的程度还有待加强。同时，从西北五省和西南四省的具体比较来看，还是西南四省比西北五省在社会责任报告的披露数量和披露页数方面都多，而且环境信息的页数也多，这从一个侧面说明西南四省在社会责任方面的重视程度确实高丁西北五省。这就需要西北五省进一步加强对社会责任的重视和环境信息的披露。

表7—3　西北五省2013～2015年社会责任报告及环境信息披露情况统计

序号	公司名称	社会责任报告页数			环境信息页数		
		2013年	2014年	2015年	2013年	2014年	2015年
1	国际医学	34	31	38	2	1	1
2	陕国投A	18	18	11	0.5	1	1
3	英力特	17	18	18	1	1	1
4	上峰水泥	—	8	7		1	0.5
5	中航飞机	16	16	12	2	1.5	1
6	盐湖股份	15	18	15	2	1	1
7	美利纸业	7	8	8	1.5	0.5	0.5
8	天山股份	16	—	—	3.5	—	—

序号	公司名称	社会责任报告页数			环境信息页数		
		2013 年	2014 年	2015 年	2013 年	2014 年	2015 年
9	*ST 东钽	19	20	16	1.5	1	1
10	银亿股份	11	12	12	0	0	0
11	中泰化学	25	29	27	6	11.5	9
12	金风科技	——	8	12		0.5	0.5
13	西部证券	15	31	32	0	0.5	1
14	麦趣尔	——	18	——	——	2	
15	特变电工	31	30	30	4	2.5	3.5
16	西宁特钢	10	11	10	3	2.5	2
17	伊力特	21	22	22	3.5	4	3.5
18	青海华鼎	8	17	8	0	0	0.25
19	冠农股份	9	11	11	0.5	1	1
20	广汇能源	24	56	45	1.5	5	4.5
21	酒钢宏兴	10	6	10	1	0.5	1
22	美克家居	20	17	19	1	1.5	2
23	宝钛股份	10	14	14	2	2.5	2
24	莫高股份	10	7	7	0.5	0.5	0.5
25	中粮屯河	9	9	13	0.5	0.5	1
26	新疆众和	16	17	16	1	1	1
27	中航动力	30	30	32	3.5	4	4.5
28	西部矿业	21	18	18	5	2	3
29	陕鼓动力	17	19	20	2	2	1
30	金钼股份	6	6	7	1	1	1.5

注："——"表示该年未发布社会责任报告，无法统计数据；报告页数精确到 0.5。

表7—4 西南四省 2013～2015 年社会责任报告及环境信息披露情况统计

序号	公司名称	社会责任报告页数			环境信息页数		
		2013 年	2014 年	2015 年	2013 年	2014 年	2015 年
1	云南白药	66	77	88	7	8	8
2	中天城投	27	30	36	6	3	3.5
3	泸州老窖	11	9	11	0.5	0.5	1.5
4	兴蓉环境	19	19	31	2	1.5	2
5	长安汽车	36	19	19	3	2	2
6	*ST 钒钛	6	52	53	1	7	7
7	五粮液	—	43	49	—	4	4
8	新希望	58	54	68	5	5	7
9	云南铜业	49	79	72	3	5	12
10	云内动力	—	—	27	—	—	1
11	*ST 建峰	16	12	19	0.5	0.5	1.5
12	锡业股份	39	38	39	4	5.5	5.5
13	丽江旅游	21	19	22	1	1	1
14	黔源电力	30	29	29	0.5	2	2
15	北化股份	13	36	30	0.5	2.5	1.5
16	科伦药业	40	41	45	7.5	6.5	6.5
17	硅宝科技	21	51	41	1	5	3.5
18	吉峰农机	27	—	—	0	—	—
19	云天化	28	37	31	4	3	3
20	国金证券	18	19	22	0.5	0.5	0
21	三峡水利	8	7	8	0.5	0.5	0.5
22	赤天化	11	12	9	2	2	2.5
23	红星发展	4	7	5	0.5	0.5	1
24	西南证券	10	9	10	0.5	0.5	0.5
25	昆药集团	8	8	8	1.5	1.5	1.5

序号	公司名称	社会责任报告页数			环境信息页数		
		2013 年	2014 年	2015 年	2013 年	2014 年	2015 年
26	涪陵电力	10	9	8	0.5	0.5	0.5
27	贵研铂业	—	19	13	—	2	1
28	驰宏锌锗	11	13	29	2.5	1.5	2
29	西昌电力	20	23	24	2	2	3
30	贵航股份	6	9	7	0.5	0.5	0.5
31	中铁二局	28	29	33	4	5	4.5
32	乐山电力	15	18	20	0.5	1	1
33	川投能源	11	11	12	0.5	1	1
34	沱牌舍得	10	10	10	2	2	2
35	*ST 云维	21	26	27	2.5	3	3
36	中航重机	9	9	9	1.5	1.5	1.5
37	云煤能源	47	46	35	4	6.5	4.5
38	*ST 昆机	31	21	39	0.5	0.5	1
39	四川长虹	13	12	8	1.5	1.5	1
40	东方电气	30	25	21	4	2	4.5
41	博瑞传播	—	6	10	—	0	0
42	重庆燃气	—	48	—	—	5	—
43	广安爱众	11	11	14	1	0.5	0.5
44	贵绳股份	7	7	7	0.5	0.5	0.5
45	文山电力	44	47	61	3	4.5	6.5
46	重庆钢铁	9	10	10	0.5	1	1
47	太平洋	15	16	15	1	1	1
48	四川成渝	14	16	18	2	3	2

注："—"表示该年未发布社会责任报告，无法统计数据；报告页数精确到 0.5。

207

8 社会责任视角下丝绸之路经济带上市 公司环境信息披露实证研究

8.1 样本的选择

截至 2014 年 12 月 31 日, 丝绸之路经济带的上市公司数目有 334 家, 其中财务数据来源于 2015 年国泰安数据库《CSMAR〈2015 版〉》和巨潮资讯网; 而环境会计信息主要来源于上市公司的年报和社会责任报告等, 由于环境会计信息的披露在我国属于非强制性的信息, 对于重污染企业我国对其具有一定的强制性规定, 这样使得环境会计信息的获得需要逐家查询年报和社会责任报告。这些报告均来自中国证券网和巨潮资讯网。丝绸之路经济带上市公司具体情况如前文表6—1 至表 6—9 所示。

8.2 研究假设的提出

本研究在结合前人研究成果的基础上, 结合了丝绸之路经济带的地域特点, 分析了丝绸之路经济带上市公司行业所属的类别, 通过查询上市公司的所属行业, 可以发现其中有一部分为国家规定的重污染行业, 其他不是重污染企业, 但是它们中有些也自愿披露了环境会计信息。本研究试图从内部影响效应域和外部影响效应域两方面对丝绸之路经济带上市公司的环境信息披露程度进行研究。在研究之前首先根据需要提出相应的假设。其中重点提出了加入环境规制程度指标和社会责任披露指数后, 提出假设 H1 为环境规制程度指标与环境会计信息披露呈正相关关系; H2 社会责任披露指数与环境会计信息披露呈正相关关系。

(1) 从企业的内部影响效应来看, 内部影响效应域中包括的内容有很多, 如企业的现金实力、成长能力、偿债能力、盈利能力、营运能力、企业价值以及企业规模等。在研究中加入了新的能力影响域，即现金实力影响域，前人在研究中基本忽略了企业的现金实力指标。关于内部影响效应域与因变量的关系的假设如下：

① 现金实力方面的影响域假设提出的原因：现金实力影响域问题，前人没有涉及，基本没有注意到现金实力对企业的重要影响，以及对环境会计信息披露的重要影响。实际上现金流量表中的信息，可以提供给利益相关者更多的一般财务分析得不出的信息。由于公司的现金流量反映的是实际的现金流入与现金流出的问题，其受到人为操纵的可能性较小，从而更加客观、真实、准确地反映企业的经营情况和财务情况。所以，现金实力指标对企业环境会计信息披露的影响可能也较为显著，即如果现金实力越强的企业，越愿意披露更多的环境会计信息。因此，特提出以下假设 H3：企业现金实力与环境会计信息披露关系为正相关。

②成长能力方面的影响域假设提出的原因：企业的成长性是近年来很多学者关注的问题。企业成长性的目标与环境会计长远目标是一致的，即企业追求成长性就是追求可持续发展，而可持续性发展必然要考虑企业对环境的影响程度。成长性好的企业，越发需要资金的支持，而提供资金支持的利益相关者有很多，如股东、债权人等，企业为了实现长远发展目标，必然要承担起对社会的责任，如披露对环境的影响程度。所以，成长性越好的企业，越愿意主动披露环境会计信息。因此，特提出以下假设 H4：企业成长能力与环境会计信息披露的关系为正相关。

③ 偿债能力方面的影响域假设提出的原因：企业偿债能力的强弱，会直接影响到债权人的利益，也就是说债权人会更加地关注企业的偿债能力。企业偿债能力越强，债权人越愿意借资于企业，企业也为了维护好在债权人前的形象，会愿意披露更多的环境会计信息。因此，特提出以下假设 H5：企业偿债能力与环境会计信息披露关系为正相关。

④ 盈利能力方面的影响域假设提出的原因：企业盈利能力的强弱，在一定程度上影响着环境会计信息披露的程度。我国规定重污染企业必须披露环境会计信息，所以对于重污染企业国家对其披露信息方面是强制性的，但是对于非污染类企业，披露信息的多少则作为自愿性的工作。而往往盈利能力较强的企业，为了体现自身履行社会责任的情况，也为了在市场上和利益相关者之间树立良好的企业形象，也会较多地披露环境会计信息。因此，特提出以下的假设 H6：企业盈利能力与环境会计信息披露关系为正相关。

⑤ 营运能力方面的影响域假设提出的理由：在前人的研究中，未提到关于营运能力的影响问题。但是，对于上市公司来讲，尤其从对大多数的国有企业来讲，资产营运能力的强弱在一定程度上也能反映企业经济实力，资产营运能力如果较强，也会得到国家的大力支持。营运能力在很大程度上影响着企业的环境会计信息披露的多少。因此，特提出如下假设 H7：企业营运能力与环境会计信息披露关系为正相关。

⑥ 企业价值方面的影响域假设提出的原因：企业价值最大化是很多企业追求的目标，上市公司在一定程度上为了突出与非上市公司的不同，会更加注重企业价值的问题。企业价值越高，利益相关者可能会越发的将资金注入该企业。而企业价值是企业经营多年的"宝贵财富"，而企业为了保持这种累积的"宝贵财富"，必然也会在一定程度上披露环境会计信息。因此，特提出如下假设 H8：企业价值与环境会计信息披露关系为正相关。

⑦ 企业规模方面的影响域假设提出的原因：对于丝绸之路经济带上市公司来讲，与其他地区上市公司一样，其中大多数都是由国有企业转变而来，所以它们的规模都比较大。而规模的大小在很大程度上影响到了环境会计信息披露的多少，即规模越大的公司，越会受到很多人的关注，除了投资者、债权人外，还有如国家相关部门、供应商、客户、员工以及其他社会公众。规模大的企业会无形中受到来自各方的监督。所以，企业越发的会在各利益方面前树立承担社会责任的良好形象，而按照我国 2010 年 4 月 26 日五部委联合颁布的《企业内部控制配套指引》中的社会责任指引，其中提到了社会责任的内容包括了环境保护和资源节约。如果企业要体现履行社会责任情况，在一定程度上就必然会考虑披露更多环境会计信息。所以，特提出如下假设 H9：企业规模与环境会计信息披露关系为正相关。

(2) 从企业外部影响效应来看，外部影响效应域的内容有很多，但是由于丝绸之路经济带上市公司中重污染企业不是很多，故选择了两个外部影响域内容。一个是独立董事所占的比例；另一个是流通股所占总股本的比例。从以上两方面来分析对丝绸之路经济带上市公司环境会计信息披露程度的影响。

① 独立董事所占比例影响域假设提出的原因：根据证监会在 2001 年《关于在上市公司建立独立董事制度的指导意见》中的相关规定，即在 2002 年 6 月 30 日前，董事会成员中应当至少包括 2 名独立董事；在 2003 年 6 月 30 日前，上市公司董事会成员中至少应当包括三分之一独立董事。上市公司如果想达到此要求，

必然会考虑通过两种途径来实现这个目标，一种途径是减少整个董事会的人数，另外一种途径是增加独立董事的人数，独立董事制度的制定，在一定程度上起到了对上市公司的监督作用。所以，本研究采取了独立董事所占比例来研究对环境会计信息披露的影响程度。因此，特提出以下假设 H10：独立董事所占比例与环境会计信息披露程度为正相关。

② 流通股所占总股本的比例影响域假设提出的原因：流通股所占总股本比例的大小，影响着环境会计信息披露的程度。流通股所占总股本的比例越低，越会导致流通股股东可能"用脚投票"，从而抛售或拒绝购买该公司的股票，这样会给上市公司的融资带来很大的压力。所以，流通股所占总股本的比例越高，披露的环境会计信息的内容就可能越多。因此，特提出如下假设 H11：流通股所占总股本的比例与环境会计信息披露的关系为正相关。

8.3 研究变量的选择与确定

(1) 因变量的选择与确定

为了有效地反映丝绸之路经济带上市公司环境会计信息披露的程度，本研究也选取了前人常用的环境会计信息披露指数，即以环境会计信息披露指数为因变量。但是截至目前，对于环境会计信息披露指数的定量主要是两种方法：一种是通过披露的条目数赋分的特点来给因变量赋值；另外一种是通过是否披露环境会计信息来给因变量赋值，通常的赋值为0或者1，但是如果用0或者1来赋值的话，研究结果的准确性会大打折扣，因此，本研究主要采用的是第一种即根据环境会计信息披露的条目数给其赋分，如同大多数国外的学者一样（如 Cooke）采用直接汇总的方法，即每条目得分与总得分之比作为因变量，而没有采用为每个条目赋权重的方法，主要因为其主观性太强。本研究最终的环境会计信息披露指数计算公式为：环境会计信息披露指数（EDI）= 实际披露条目得分 ÷ 完全披露条目得分（或理想得分）。

而这里需要注意的是条目得分的来源。通过上市公司行业所属，发现有多一半的企业都不是国家规定的重污染企业，因此在选择条目上考虑了重要性原则和针对性原则，从而确定需要搜集的丝绸之路经济带上市公司环境会计信息披露条目的内容为：环境保护借款、环境保护拨款、环境保护的相关补贴和税收减免、环境保护的投资（如环保设备投资）、企业相关的绿化费、生产过程中的排污费、耗费的自然资源费、自然资源补偿费或资源税、企业的三废收支与节能减排、ISO14001 等环境相关认证、企业已通过的环保措施和方案及企业是否获得相关的环境保护的奖励或惩罚、国家地方环保政策影响 11 个方面。其中约定在这些内容的披露上，如果有定量披露或者定性与定量相结合披露的内容均给 2 分，其他的只有定性披露的只给 1 分。这些数据通过逐个查询丝绸之路经济带上市公司每年的年报及附注等内容来获取信息。

在研究引入环境规制变量时，所用的因变量为环境会计信息披露指数（EPDI），其通过财务报告和社会责任报告中公布的数据进行量化。主要集中对于环保投资、环保拨款、绿化费、排污费、资源税、三废及节能减排、是否通过 ISO 环境认证、环保奖惩、企业有无环保措施和国家与地方环保政策影响 10 个方面来进行量化的。其中在财务报告和社会责任报告中只要有定量信息披露给 2 分，若只有定性信息披露给 1 分，未披露给 0 分。因此，EPDI= 各公司的有效得分 / 理想得分。

表 8—1 丝绸之路经济带上市公司环境会计信息披露内容

定量信息		定性信息	
环境保护借款		企业的三废收支与节能减排	
环境保护拨款、环境保护的相关补贴和税收减免		ISO14001 等环境相关认证	
环境保护的投资		企业已通过的环保措施和方案	
企业相关的绿化费		企业是否获得相关的环境保护的奖励或惩罚	
生产过程中的排污费		国家地方环保政策影响	
资源费、资源补偿费或资源税			

注：企业可能披露时定性信息与定量信息相结合。

(2) 自变量的选择与确定

在本研究关于丝绸之路经济带上市公司环境会计信息披露影响效应域的研究中，共提出了 10 个假设，依次选择了具有代表性的 10 个变量。分别代表了企业的环境规制程度、现金实力、成长能力、偿债能力、盈利能力、营运能力、企业价值、企业规模、独立董事所占比例和流通股所占总股本的比例。

① 现金实力方面指标的选择：现金实力指标前人未涉及，本研究在研究中也考虑到了评价企业现金实力指标有很多，如现金净资产比、现金总资产比、现金收入比、现金净利比、现金总负债比等，为了能选择出一个具有代表性的指标，因此采用统计中的单因素方差分析方法对现金实力指标进行科学筛选。方差分析

213

（简称ANOVA），是一种通过分析样本数据各项差异的来源，以检验三个或者三个以上样本空间平均数是否相等或是否具有显著差异的方法[77]。最终确定的具有代表性的现金实力指标为现金净利比。因此，根据假设预期该指标系数符号为正号。

② 成长能力方面指标的选择：反映企业成长性的指标也有很多，如总资产增长率、主营业务利润增长率、主营业务收入增长率、净利润增长率。但是评价企业的成长性主要是要看企业的主营业务如何，主营业务好坏直接决定着成长性的好坏，因此选择了主营业务收入增长率指标，由于只选择了一年的，所以计算公式采用传统的（本期的主营业务收入－上期的主营业务收入）÷ 上期的主营业务收入。因此，根据假设预期该指标系数符号为正号。

③ 营运能力方面指标的选择：评价企业营运能力的指标也很多，有应收账款周转率、流动资产周转率、总资产周转率等，为了科学确定代表性指标，所以运用统计分析方法进行科学的确定。由于从上市公司取得的数据进行整理后，可以得到上面的三个指标的数值，但是选择一个代表性的指标，还应该根据数据特征和统计分析结果确定，这样将来的检验结果才较为可靠。因此，对这三个指标和因变量环境会计信息披露指数一并代入SPSS19.0进行描述性统计和方差分析，最终选定的营运能力指标为总资产周转率。

(3) 研究变量的确定

根据前面的假设和假设提出的原因，最终分析确定了研究所用到的自变量指标。具体指标及指标内涵解释如表8—2所示。

表8—2　研究指标及指标解释

指标所属项目	具体指标名称	计算公式	预期符号
环境规制程度	环境规制程度	各项环境绩效值之和 / 利润总额	＋
社会责任披露程度	社会责任披露指数	社会责任报告披露程度得分	＋
现金实力	现金净利比	经营活动现金净流量 / 净利润	＋
成长能力	主营业务收入增长率	（本年主营业务收入－上年主营业务收入）/ 上年主营业务收入	＋
偿债能力	资产负债率	负债总额 / 资产总额	＋
盈利能力	净资产收益率	净利润 / 平均净资产额	＋
营运能力	总资产周转率	营业收入 / 平均资产总额	＋

指标所属项目	具体指标名称	计算公式	预期符号
企业价值	每股净资产	股东权益总额 / 普通股股数	+
企业规模	资产的对数	Ln（资产总额）	+
独立董事比重	独立董事的比例	独立董事人数 / 董事总人数	+
流通股比重	流通股占总股本的比例	流通股 / 总股本	+

注: 报表中没有明确的普通股股数数据, 因我国股票的发行价格均为每股 1 元, 所以用报表中的股本数代替普通股股数。

此处需要解释的是, Sonic Ben Kheder（2008）用 GDP /Energy 度量环境规制的严格程度。他认为使用这个变量的好处在于它可以度量政府针对环境的一系列规则和条款的真正影响效果, 从而区别有的城市仅仅只是理论上采取所谓的环境规制政策。我国的学者傅京燕（2006）也用 GDP /Energy 衡量一国的环境规制严格程度。此指标适用于不同地区之间的综合比较, 但是为了能反映对不同企业有所度量, 因此, 本研究按照前人的思路对指标进行了修正选择, 用利润总额代表企业对社会的贡献程度, 用各项环境绩效值之和代表企业在环境方面的投资或花费, 各项绩效值主要通过上市公司公布的环保投资、绿化费、排污费、资源税或资源费的值加总得到。这种绩效值是通过逐家查阅财务报告和社会责任报告而得到具体数据。而社会责任披露指数是从企业战略与公司治理、企业文化、投资者、员工、客户、合作伙伴、节能减排与安全生产、创新与技术进步和社会公益 9 个方面进行评价给分的, 若有定量信息披露给 2 分, 若为定性描述给 1 分, 没有披露者为 0 分。

8.4 多元线性回归模型的构建原理

回归分析就是研究随机因变量与可控自变量之间相关关系的一种统计方法; 多元线性回归模型是含两个以上自变量并且一个因变量与多个自变量之间存在线性关系的回归模型, 表现在线性回归模型中的自变量有多个, 一般表现形式为:

$y = \beta_0 + \beta_1 x_{1i} + \beta_2 x_{2i} + \cdots + \beta_k x_{ki} + i_i = 1, 2, \cdots, n$

其中: k 为解释变量的数目, β_i, $j=1, 2, \cdots, k$ 称为偏回归系数

本研究的多元线性回归模型为:

① 未引入环境规制程度及社会责任披露指数的模型

$$Y_1 = \beta_0 + \beta_1 x_1 + \beta_2 x_2 + \beta_3 x_3 + \beta_4 x_4 + \beta_5 x_5 + \beta_6 x_6 + \beta_7 x_7 + \beta_8 x_8 + \beta_9 x_9 + \varepsilon$$

其中：Y= 环境会计信息披露指数；X_1= 资产负债率；X_2= 净资产收益率；X_3= 现金净利比；X_4= 总资产周转率；X_5= 主营业务收入增长率；X_6= 每股净资产；X_7= 资产的对数；X_8= 独立董事比例；X_9= 流通股占总股本的比例。

② 引入环境规制程度及社会责任披露指数的模型

$$Y_2 = \beta_0 + \beta_1 x_1 + \beta_2 x_2 + \beta_3 x_3 + \beta_4 x_4 + \beta_5 x_5 + \beta_6 x_6 + \beta_7 x_7 + \beta_8 x_8 + \beta_9 x_9 + \beta_{10} x_{10} + \beta_{11} x_{11} \varepsilon$$

其中：Y_2= 环境会计信息披露指数；X_1= 环境规制程度，X_2= 社会责任信息披露指数；X_3= 资产负债率；X_4= 净资产收益率；X_5= 现金净利比；X_6= 总资产周转率；X_7 主营业务收入增长率；X_8= 每股净资产；X_9= 资产的对数；X_{10}= 独立董事比例；X_{11}= 流通股占总股本的比例。

8.5 实证检验过程及结果分析

8.5.1 未引入社会责任变量的实证过程及结果分析

(1) 变量的确定

根据前面的假设，最终分析确定了研究所用到的自变量。具体变量如表 8-3 所示。因变量的确定是环境会计信息披露指数，研究主要采用环境会计信息披露指数采用公式是实际披露项目值除以理想披露项目值。披露项目值的来源是从环保拨款、环保补贴、环保投资、绿化费、生产的排污费、资源税、三废与节能减排、ISO14001 等环境认证、企业的环保措施及环保护奖励或惩罚、国家地方环保政策影响 11 个方面。

表 8—3 变量定义

变量类别	变量名称	变量符号
偿债能力	资产负债率	X_1
盈利能力	净资产收益率	X_2
现金实力	现金净利比	X_3
营运能力	总资产周转率	X_4
成长能力	主营业务收入增长率	X_5
企业价值	每股净资产	X_6
企业规模	资产的对数	X_7

变量类别	变量名称	变量符号
独立董事比重	独立董事比例	X_8
流通股比重	流通股占总股本的比例	X_9
环境会计信息	环境会计信息披露指数	Y

（2）数据的准备和样本的选定

截至 2014 年 12 月 31 日，丝绸之路经济带的上市公司总共有 334 家。去除一些数据不全的及特殊行业的企业，最终确定的上市公司数量为 319 家。本研究的样本确定最终为 319 家上市公司，其中财务数据来源于 2015 年国泰安数据库《CSMAR〈2015 版〉》和巨潮资讯网；而环境会计信息主要来源于上市公司的年报和社会责任报告等，由于环境会计信息的披露在我国属于非强制性的信息，对于重污染企业我国对其具有一定的强制性规定，这样使得环境会计信息的获得需要逐家查询年报和社会责任报告。这些报告均来自于中国证券网和巨潮资讯网。

（3）描述性统计分析

为了解 2014 年所有因变量和自变量的整体特征，故对变量进行了描述性统计分析，也为后期多元线性回归分析提供了标准化数据。检验结果如表 8—4 所示。

表 8—4　各指标的描述性统计结果

变量	N	极小值	极大值	均值	标准差
X_1	319	0.074	0.947	0.494	0.222
X_2	319	0.000	1.000	0.225	0.043
X_3	319	-14.692	58.499	1.221	7.039
X_4	319	0.030	2.385	0.558	0.376
X_5	319	-0.600	1.332	0.077	0.284
X_6	319	0.185	11.942	3.653	2.171
X_7	319	8.356	10.664	9.477	0.536
变量	N	极小值	极大值	均值	标准差
X_8	319	0.250	0.556	0.368	0.048
X_9	319	0.096	1.000	0.793	0.272
Y_1	319	0.000	0.944	0.335	0.213

从上表可看出，丝绸之路经济带上市公司环境会计信息披露指数 Y 极大值为 0.944，而极小值为 0.000，平均的披露指数仅为 0.335，这说明丝绸之路经济上市公司环境会计信息披露的具体内容还是较少，与最佳披露水平还有很大差距。其中 X_2 盈利能力的最大值为 1.000，最小值为 0.000，公司之间的盈利能力差距缩小很多。但是，不得不承认的一点就是丝绸之路经济带上市公司在盈利方面的差距依然存在。X_3 现金实力极大值为 58.499，极小值为 -14.692，这说明 2014 年丝绸之路经济带上市公司之间的现金实力差距较大，且总体实力较低，这样跟东部地区的上市公司相比，现金实力不强，这将会导致它们在最终披露信息之间的差异；在企业价值和资产规模方面，丝绸之路经济带上市公司差距也较大，这必然会影响 2014 年环境会计信息的披露程度。

（4）样本数据的相关性分析

为了解在社会责任视角下的丝绸之路经济带披露环境会计信息披露的具体差异，运用 2014 年的样本数据来进行相关性分析，具体分析结果如表。

表 8—5 变量的 Spearman 相关性检验结果

	项目	X_1	X_2	X_3	X_4	X_5	X_6	X_7	X_8	X_9	Y_1
X_1	相关系数	1.000									
	Sig.（双测）	0.000									
X_2	相关系数	0.049	1.000								
	Sig.（双测）	0.599	0.000								
X_3	相关系数	-0.190	0.083	1.000							
	Sig.（双测）	0.040	0.369	0.000							
X_4	相关系数	0.086	0.162	0.122	1.000						
	Sig.（双测）	0.355	0.079	0.189	0.000						
X_5	相关系数	0.104	0.252	0.077	0.138	1.000					
	Sig.（双测）	0.262	0.006	0.409	0.137	0.000					
X_6	相关系数	-0.212	0.011	0.197	-0.005	0.015	1.000				
	Sig.（双测）	0.021	0.908	0.033	0.961	0.872	0.000				
	项目	X_1	X_2	X_3	X_4	X_5	X_6	X_7	X_8	X_9	Y_1
X_7	相关系数	0.520	0.006	-0.058	0.008	0.096	0.344	1.000			
	Sig.（双测）	0.000	0.947	0.530	0.934	0.302	0.000	0.000			
X_8	相关系数	-0.217	0.087	0.036	-0.135	-0.046	0.069	-0.070	1.000		
	Sig.（双测）	0.018	0.351	0.702	0.144	0.618	0.458	0.450	0.000		
X_9	相关系数	0.153	-0.025	-0.117	0.206	-0.083	-0.255	0.002	0.014	1.000	
	Sig.（双测）	0.099	0.791	0.208	0.025	0.370	0.005	0.981	0.881	0.000	
Y_1	相关系数	-0.520	0.623	0.748	0.501	0.312	0.612	0.750	-0.517	0.320	1.000
	Sig.（双测）	0.197	0.185	0.109	0.275	0.899	0.894	0.006	0.206	0.833	0.000

注：* 在置信度（双测）为 0.05 时，相关性是显著的；** 在置信度（双测）为 0.01 时，相关性是显著的。

从相关性分析结果来看，显著性变量有 2 个，还有 2 个自变量与因变量之间是负向关系，剩余 7 个变量均为正向关系。从整体上来看，2014 年关于丝绸之路经济带上市公司环境会计信息披露影响程度情况，各变量检验结果较显著。这说明在后金融危机时代，丝绸之路经济带上市公司已经逐步关注利益相关者的需求，披露较多的环境会计信息，但是其关注度尚存不足。在 2014 年的检验中，X_2（盈利能力）和 X_7（企业规模）对环境会计信息披露指数具有较为显著的影响，对环境会计信息的改善具有重要作用。

（5）2014 年样本数据的检验结果解释

从相关性分析结果来看，9 个变量在运用到 2014 年丝绸之路经济带上市公司检验对环境会计信息披露程度时，其中有 7 个变量即净资产收益率（X_2）、现金净利比（X_3）、总资产周转率（X_4）、主营业务收入增长率（X_5）、每股净资产（X_6）、资产的对数（X_7）和流通股占总股本的比例（X_9））结果均是为正相关，即支持原假设。具体分析如下：

1）从影响企业内部因素分析

① 偿债能力：由于偿债能力与因变量环境会计信息披露是负向关系，拒绝原假设 H1。这说明了在后金融危机时代，丝绸之路经济带上市公司虽然更多关注偿债能力，但是由于金融危机后偿债能力的逐渐恢复，偿债能力对企业环境会计信息披露的程度影响不显著。

② 盈利能力：从相关性结果来看，盈利能力影响效果较为显著，环境会计信息披露呈正向关系，支持原假设 H2。这说明 2014 年丝绸之路经济带上市公司盈利能力的强弱直接影响着环境会计信息披露的程度，以及对社会责任的履行程度。

③ 现金实力：本研究在研究中增加了现金实力指标，通过科学的方法筛选了指标，最终确定出了现金净利比。从相关性分析结果来看，虽然该指标对环境会计信息披露影响不是最显著，但是其结果与预期假设相一致，即支持原假设 H3。所以企业在现金实力增强的情况下，披露的环境会计信息就越多。

④ 营运能力：新加入的营运能力因素与环境会计信息披露是正向关系，支持原假设 H4。说明 2014 年丝绸之路经济带上市公司的资产营运能力强弱对环境会计信息披露较为显著，即丝绸之路经济带上市公司营运能力越强，披露的环境会计信息越多，履行社会责任的程度越高。

⑤ 成长能力：成长能力的表现较为显著，即对丝绸之路经济带上市公司环境会计信息披露影响是正向关系，也就是说若企业处于快速成长时期的话，丝绸之路经济带上市公司会越发地考虑披露更多的环境会计信息，会更加关注自身承担更多的社会责任。

⑥ 企业价值：企业价值的检验结果也是支持原有假设，说明企业价值越高，丝绸之路经济带上市公司为追求可持续发展，也会较多地披露环境会计信息。说明在后金融危机时代，丝绸之路经济带上市公司更加关注企业价值的重要性，但是企业价值的体现还在于社会责任的履行情况，而社会责任的履行在很大程度上取决定于环境会计信息披露的充分程度。因此，企业价值越高，丝绸之路经济带上市公司披露的环境会计信息越多。

⑦ 企业规模：在企业规模的变量检验结果来看，其影响非常显著，支持原假设 H7。这说明了丝绸之路经济带上市公司规模越大，披露的环境会计信息越多，这也符合常理。因此，规模大的企业为提升企业形象，履行好自身的社会责任，更加注重环境会计信息披露，这样有利于企业的长远发展。丝绸之路经济带的公司应该将可持续发展和履行社会责任的关系处理好，披露更多环境信息。

2) 从影响企业外部因素分析

① 独立董事的比例：从相关性分析结果来看，可以发现结果拒绝原假设 H8。这证明了独立董事在丝绸之路经济带上市公司中监督作用未得到充分发挥，再加上丝绸之路经济带企业环境会计信息披露程度整体不足，所以丝绸之路经济带上市公司还需进一步发挥独立董事的作用和完善独立董事制度。

② 流通股占总股本的比例：从相关性分析结果来看，是支持原假设 H9，这说明了在丝绸之路经济带上市公司在后金融危机背景下，流通股没有特别高度地分散到中小投资者手里，而在丝绸之路经济带上市公司中形成了较为科学有效的内部治理机制，2014 年的影响效果较为明显。

8.5.2 引入社会责任变量的实证过程及结果分析

由于需要引入新变量环境规制变量和社会责任披露指数，而社会责任披露指数的变量计算是根据社会责任报告进行计算的。企业战略与公司治理、企业文化、投资者、员工、客户、合作伙伴、节能减排与安全生产、创新与技术进步、社会公益 9 个方面分别进行统计，从而最终赋值计算得到的披露指数值。而由于丝绸之路经济带上市公司中披露社会责任报告的仅有 78 家上市公司，而其中剔除掉无法计算环境会计信息披露指数，最终能参与实证分析的有 68 家上市公司。

具体上市公司的名称如表8—6所示。

(1) 描述性统计分析

表8—6 描述性统计量

变量	N	极小值	极大值	均值	标准差
环境规制程度 X_1	68	-264.363	9344.040	1077.393	2340.220
社会责任信息披露指数 X_2	68	0.375	0.875	0.658	0.136
资产负债率 X_3	68	0.075	0.790	0.574	0.178
净资产收益率 X_4	68	-0.310	19.130	2.196	4.690
现金净利比 X_5	68	-11.289	6.864	-0.152	4.057
总资产周转率 X_6	68	0.180	1.400	0.534	0.291
主营业务收入增长率 X_7	68	-0.269	0.427	0.025	0.182
每股净资产 X_8	68	1.673	10.016	4.618	2.356
资产的对数 X_9	68	9.443	10.664	10.043	0.405
独立董事的比例 X_{10}	68	0.333	0.444	0.360	0.033
流通股占总股本的比例 X_{11}	68	0.096	1.000	0.791	0.294
环境会计信息披露指数 Y_2	68	0.056	0.556	0.310	0.147

从上表可以看出，丝绸之路经济带上市公司环境会计信息披露程度较低。同时，从新加入的社会责任披露指数来看，虽然仅有78家公司披露了社会责任报告，但是符合条件的68家上市公司的社会责任信息披露程度较好，均值为0.658。这也说明了丝绸之路经济带上市公司履行社会责任情况较好。此外，环境规制程度的极大值和极小值之间差别较大，说明了不同省份之间环境规制的程度差异较大。

(2) 变量的显著性检验

表8—7 方差分析

变量		平方和	df	均方	F	显著性
（环境规制程度 X_1）	组间	16.601	8	2.075	7.326	0.001
	组内	3.399	12	0.283		
	总数	20.000	20			

变量		平方和	df	均方	F	显著性
（社会责任信息披露指数 X_2）	组间	2.920	8	0.365	0.256	0.969
	组内	17.080	12	1.423		
	总数	20.000	20			
（资产负债率 X_3）	组间	6.336	8	0.792	0.696	0.690
	组内	13.664	12	1.139		
	总数	20.000	20			
（净资产收益率 X_4）	组间	15.658	8	1.957	5.409	0.005
	组内	4.342	12	0.362		
	总数	20.000	20			
（现金净利比 X_5）	组间	11.474	8	1.434	2.019	0.132
	组内	8.526	12	0.711		
	总数	20.000	20			
（总资产周转率 X_6）	组间	10.594	8	1.324	1.689	0.199
	组内	9.406	12	0.784		
	总数	20.000	20			
（主营业务收入增长率 X_7）	组间	10.435	8	1.304	1.637	0.213
	组内	9.565	12	0.797		
	总数	20.000	20			
（每股净资产 X_8）	组间	6.372	8	0.796	0.701	0.686
	组内	13.628	12	1.136		
	总数	20.000	20			
（资产的对数 X_9）	组间	7.111	8	0.889	0.828	0.595
	组内	12.889	12	1.074		
	总数	20.000	20			
变量		平方和	df	均方	F	显著性
（独立董事的比例 X_{10}）	组间	12.348	8	1.543	2.420	0.081
	组内	7.652	12	0.638		
	总数	20.000	20			
（流通股占总股本的比例 X_{11}）	组间	14.991	8	1.874	4.490	0.010
	组内	5.009	12	0.417		
	总数	20.000	20			

为了检验各个自变量是否对因变量有显著影响，于是本研究进行了方差分析检验，从而可以发现环境规制程度、净资产收益率和流通股占总股本的比例三个变量对因变量环境会计信息披露程度具有显著影响，也就是新加入的环境规制程度指标具有显著性影响，说明该指标对环境会计信息披露具有一定的影响。

（3）多元线性回归分析

表8—8 模型汇总

R	R方	调整R方	标准估计的误差	更改统计量			Durbin-Watson
				R方更改	F更改	Sig. F更改	
0.752	0.565	0.233	0.983	0.565	1.063	0.471	2.187

从上表可以看出，模型判别系数表中调整R方为0.233，说明在模型的拟合程度一般，但是也说明样本数据的解释能力可以。此外，杜宾值为2.187，在2的附近，这说明模型都不存在自相关的问题。

表8—9 多元线性回归结果

变量	非标准化系数		标准系数	t	Sig.	共线性统计量	
	B	标准误差	试用版			容差	VIF
（常量）	0.000	0.215		0.000	1.000		
（环境规制程度 X_1）	-0.030	0.311	-0.030	-0.096	0.926	0.500	2.002
（社会责任信息披露指数 X_2）	-0.122	0.275	-0.122	-0.444	0.668	0.641	1.561
（资产负债率 X_3）	-0.091	0.299	-0.091	-0.304	0.768	0.542	1.844
（净资产收益率 X_4）	-0.197	0.277	-0.197	-0.712	0.495	0.630	1.587
（现金净利比 X_5）	0.099	0.349	0.099	0.285	0.782	0.396	2.527
（总资产周转率 X_6）	-0.205	0.321	-0.205	-0.639	0.538	0.469	2.133
（主营业务收入增长率 X_7）	0.206	0.295	0.206	0.698	0.503	0.554	1.804
（每股净资产 X_8）	0.037	0.282	0.037	0.131	0.899	0.607	1.649
（资产的对数 X_9）	0.410	0.286	0.410	1.436	0.185	0.592	1.688
（独立董事的比例 X_{10}）	-0.566	0.333	-0.566	-1.697	0.124	0.435	2.298
（流通股占总股本的比例 X_{11}）	0.550	0.375	0.550	1.466	0.177	0.343	2.916

从模型的回归结果来看，11 个变量中有 5 个变量与因变量是正相关关系，剩余 6 个变量均与因变量为负相关关系。从模型得到的结果，在模型中各变量的显著性不是特别高。

(4) 检验结果解释

从上面多元回归分析结果可以看出，11 个变量中有些变量支持原假设了，有些变量拒绝原有假设。具体分析如下：

① 支持原假设

有 5 个变量支持原有假设，即与环境会计信息披露正相关。分别为：现金净利比、主营业务收入增长率、每股净资产、资产的对数和流通股占总股本的比例。也就是说，引入社会责任后，现金实力越强、成长能力越强、企业价值越大、规模越大以及流通股占总股本的比例越大，环境会计信息披露程度越高。

② 拒绝原假设

有 6 个变量拒绝原有假设，与环境会计信息披露负相关。分别为：环境规制程度、社会责任信息披露指数、资产负债率、净资产收益率、总资产周转率和独立董事的比例。也就是说，环境规制程度越高，丝绸之路经济带上市公司披露的环境会计信息越少，这说明了政府对环境规制程度增强了，但是企业披露环境会计信息反而变少了；社会责任披露程度越大则环境会计信息披露越少，这可能是由于目前社会责任报告的披露是企业自愿行为所导致的，同时披露内容的过于定性化也导致了环境会计信息披露较少；偿债能力、盈利能力和营运能力越强，企业披露的环境会计信息反而越少，这可能是由于丝绸之路经济带上市公司之间在这些能力的表现方面差异较大所导致的；独立董事比例越大，环境会计信息披露越少，这说明独立董事未起到应有的监督作用。

通过对前面的实证研究，我们不难发现，丝绸之路经济带的上市公司在实行环境会计方面上确实存在着一些问题，而本研究重点研究了在丝绸之路经济带上市公司的整体披露环境会计信息的情况，试图从企业内部影响域和外部影响域两方面来为丝绸之路经济带企业提出相应的对策和建议。关于影响域可以理解为是丝绸之路经济带企业实施环境会计过程中的影响范围或因素。

9 对策与建议

9.1 从丝绸之路经济带企业外部影响域提出相应的对策与建议

9.1.1 加快社会责任下的环境会计相关法规与准则的制定

在我国现有的有关会计或者环境的法律规范体系中，关于环境会计的相关内容非常的少。在法律层面上的《会计法》与《环境保护法》中对环境会计的内容没有作出相关规定。虽然 2006 年 2 月 15 日颁布的新企业会计准则在第 4 号、第 16 号和第 27 号具体准则中提到了关于环境会计的相关内容（具体见表 4-16），但是规范的内容依然很少。这导致了环境会计相关核算没有依据，也没有办法对环境会计的相关要素进行确认和计量，因此，有必要从全国范围内建立一套适合中国企业的环境会计准则，具体应该包括以下内容：

（1）解决环境会计对象的确认和计量

目前，在我国的会计实务中还没有出台统一可遵循的规章制度来对环境会计的对象进行确认和计量等，在丝绸之路经济带这种区域性范围内就更没有一个可遵循的环境会计方面的相关规范。我们知道会计核算的四个基本环节中的前两个环节为确认和计量，因此，若要实施好环境会计就必须首先解决环境会计要素的相关确认和计量问题。

（2）解决环境会计信息披露规范制定的问题

按照我国《会计法》的规定，由财政部统一管理全国会计工作；按照《公司法》和相关证券管理法规的规定，由国务院证券委及其办事机构即中国证监会来管理公开发行股票公司的信息披露工作。承袭这种体制，这两个部门也应该继续承担起制定和管理环境会计信息披露规范的义务，同时还应该借鉴国外的经验，即要求国家环保总局参与制定，由于环境会计的特殊性，环保部门必须参与到环境会计相关政策的制定中来，这样有助于环境会计相关规定的有效执行，这种多部门联合制定也体现环境会计信息披露相关规范的权威性。

由于环境会计法律的建立需要一个循序渐进的过程，因此为了能够有章可循地使得各个区域性企业（包括丝绸之路经济带范围内的企业）实施环境会计，首先，可以考虑先将环境会计的相关法律规范内容融入到会计法中，最终以《会计法》的形式先做出规范且对外公布；其次，在有条件的情况下，经过几年的适应期后，再建立环境会计的相关法律，这可以参考《内部控制基本规范》（2008年颁布）和《内部控制配套指引》（2010年颁布）的制定过程，即颁布《上市公司环境会计信息披露指引》，虽然在2010年我国环保部就《上市公司环境信息披露指南》征求意见稿已经发出，但是离正式颁布环境会计信息披露的具体规范还有一段时间；最后，在环境法律规范完善的基础上，一定要颁布环境会计的具体准则、规范或指引等。

此外，也可以考虑加大资源税征收范围和开征环境税，将水资源及生物资源暂时不纳入资源税的征收范围[78]，而我国应该将此部分资源纳入资源税的征收范围。企业在利用环境资源的同时，也应该为环境资源的使用付出代价，这个代价从物质上来讲，可以通过国家征税的方式来抑制资源的浪费，因此，应该开征环境税，也要求资源有效利用信息的公布。

9.1.2 加强环境会计人才的培养

环境会计是由环境学、会计学、环境经济学、可持续发展学等综合学科的交叉相互渗透形成的。这样必然对会计人员的素质提出了要求，即要求学会多学科的综合的运用和融会贯通，要去培养具备多学科知识的复合型的人才。传统会计工作和信息披露工作对会计人员知识结构的要求是在掌握经济管理知识的基础上，熟练掌握会计核算和财务分析的知识和技能，并基本精通生产经营知识，这无法满足环境会计对于会计人员的知识结构要求。因此，这必然要求国家培养环境会计方面的人才，这样才有可能满足企业、社会对会计人员素质的要求。

（1）加大高校的培养力度

在丝绸之路经济带的各大职业教育的学校中开展环境会计人才的培养，在有条件的高校可以开设环境会计相关课程，让会计专业的学生在高校期间就接触到关于环境会计的内容，这样有助于将理论更好的应用到实践当中，培养出具有高素质的环境会计方面的人才。

（2）加大各大培训机构的培养力度

由于丝绸之路经济带的高校数量众多，所以丝绸之路经济带中如西北五省可以考虑在各大培训机构开展环境会计人才的培养。虽然会计专业人才属于一个饱和的状态，但是从近年来的招生情况来看，其中会计专业的本科生和研究生的数量依然不减，这样丝绸之路经济带的会计人员数量较多，每年参加会计从业资格考试的人数逐年上升。但是，我们知道会计人员取得从业资格证书以后，只要不是高校学生，就要求每年进行继续教育培训，这样必然给我们提出一个启示，那就是在对这些会计人员进行继续教育培训的过程中，加入环境会计的内容，这样也会很快培训出适合社会需求、企业需求的环境会计人才。

9.1.3 建立外部环境审计监督机制和制定合理的环保激励措施

环境审计是一个全新的课题，环境审计的依据是环境会计资料，也就是开展环境审计，必须核算好环境会计资料。环境审计就是通过审计组织依法审查被审计单位的经济活动对环境的影响，评价其自身的经济责任和环保责任的活动。正是由于环境审计对象的特殊性，决定了环境审计是站在公众利益角度，来评价企业的经济利益和社会利益。通过该职能的发挥，来量化投资项目的各项指标，对社会投资项目的可行性进行监督，为决策者提供科学的依据。近年来，我国工业化进程和城市化进程的脚步加快，由于不断地对资源的过度开发、对环境污染物的过量排放等严重问题的涌现，迫切要求我国应该建立环境会计和环境审计体系。我国的产品想要出口至国外，必须通过"环保认证"即ISO14000的系列认证。自从1996年ISO颁布了ISO14000系列的五个标准后，引起了全球的关注与响应，ISO14000标准的实施非常迅速地在各国展开。而从全世界范围来看，截至2001年6月世界上已有30181家企业获得此类认证，而我国只有1000多家，如西北五省截至目前上市公司通过ISO14000系列认证的仅有23家，因此，产品出口至国外就会遇到"绿色壁垒"的障碍；而国外的很多污染性大和破坏掠夺比较严重项目会转移到丝绸之路经济带，对此我们开展的最有效的措施就是环境审计。目前，从全国来看，法律层次中的审计法和其他审计法规均没有对环境审计作出规定；同时国家审计机关和内部审计机构都没有设立环境审计组织，这要求我国制定环境审计的相关法律规范，建立环境审计组织，配备合格的环境审计人员，发挥环境审计的监督作用。丝绸之路经济带可以考虑制定地方性的环境审计方面的法律规范，这样可以从地方上对环境绩效问题进行审计，这有助于保护丝绸之路经济带的自然资源，有助于改善丝绸之路经济带的环境。

此外，如果仅有对企业环境方面的约束是不够的，应该配以合理的环保激励措施。作为丝绸之路经济带来讲，环保激励可以从两方面来考虑：一方面是物质激励，即通过对保护当地环境有效的企业给予物质方面的奖励，我们可以借鉴国外的经验，各国分别采取不同的政策推动 ISO14000 系列认证，如澳大利亚、新西兰等国由政府出资对于实施 ISO14000 标准，建立环境管理体系通过认证的企业给予补贴，或减免政府的环保检查，降低监测频次，这些鼓励政策均起到了一定的积极作用；另一方面是荣誉激励，即通过对保护当地环境有效的企业给予荣誉上的激励，比如评比环保先进企业，在各大媒体上报道，以示让公众了解该企业，也促使潜在投资者投资于该企业，也有利于该企业产品的大量销售和业绩提升，当然还有助于企业良好形象的树立，这样可以实现企业的可持续发展。环保激励措施在一定程度上会比环保约束更加有效。

9.1.4 规范丝绸之路经济带企业环境会计信息披露内容与方式

（1）积极建立环境会计信息披露制度

我国现有法律体系中，对环境会计信息披露的约束非常少。从最高层次即法律层面来看，《环境保护法》和《会计法》等对环境会计信息披露未做任何约束；从法规层面来看，我国颁布了《国家突发环境事件应急预案》，对企业日常的信息披露没有做出强制的规定；从最基础层面即规章制度层面来看，《环境信息公开办法（试行）》和《关于企业环境信息公开的公告》基本在初步实行，但是依然不够完整和正规。我国环境会计相关规范体系不完善，尤其是缺少环境信息披露操作层面的规范，这样导致推行企业环境信息披露的难度较大。我国应该以 2008 年实施的《环境信息公开办法（试行）》为契机，加快企业环境会计信息披露制度的建立和实施，尽快完善我的环境信息披露法规体系。从具体的实施来看，应该先易后难，本着循序渐进的原则，首先出台能有效指导企业对外披露的指南，然后再出台相关的环境会计准则等。

（2）重视社会责任下的环境会计信息披露的规范

低碳经济下的理念就是低污染、低排放和低消耗，这自然而然地要求企业披露关于对环境的污染、排放和消耗能源情况的信息，同时这也是社会责任背景下对企业的要求。2010 年 9 月 14 日环保部发布的《上市公司环境会计信息披露指南》，规定了 16 类重污染的企业，即火电、钢铁、水泥、电解铝、煤炭、冶金、化工、石化、建材、造纸、酿造、制药、发酵、纺织、制革和采矿业。也就是说，针对这些公司明文规定要求强制性披露环境会计信息，但是针对非污染类企业国家没有做出相应的规范，因此，企业只是采取了自愿性披露为主的原则。作为丝绸之路经济带企业来讲，依然是遵循了国家的有关规定，重污染企业强制披露，其他企业采取自愿披露的方式。目前，我国没有特别的相关的环境法律规范规定环境会计信息披露的方式和内容，这样使得企业无法可依。我国只在2010年的《上市公司环境会计信息披露指南》征求意见稿中，提到在披露方式上可以考虑采取单独环境报告（包括临时环境报告和年度环境报告）方式进行披露，其中也提到了披露的相关内容可以从以下5个方面来考虑：经营者的环保理念、上市公司的环境管理组织结构和环保目标、环境管理情况、环境绩效情况和其他环境信息。这些内容目前还在征求意见当中，因此，我国应该加快环境会计信息披露方式和内容相关法律规范的出台，这样使得企业披露方式比较统一和规范，通过本研究不难发现，上市公司目前披露方式的选择有年报及年报附注、董事会报告、招股说明书、重要事项和社会责任报告等，均不是很统一和规范；关于环境会计信息披露的内容，上市公司中有披露定性信息的，也有披露定量信息的，由于行业不同，可能对于环境污染的指标有所差异，因此国家应该考虑在不同行业间不同环境会计信息披露规范，这样有助于环境会计信息的客观性和行业间环境会计信息的可比性。丝绸之路经济带更应该要求企业在利用环境资源的同时，披露相关的环境会计信息，可以提出一个地方性的相关环保规范，这样有助于能源丰富的西部在利用资源的同时，提倡企业保护环境和节约能源。

9.1.5 提高人们的环保意识和加大舆论的监督力量

丝绸之路经济带要想在社会责任背景下更好地实施环境会计，除了有环境相关法律规范的约束外，还必须有人们对于环境保护的关注。在发达国家，企业大多数都有披露环境会计信息的意愿，其主要原因是社会公众对于环境问题的高度关注，即便是作为普通的投资者，也会在购买股票时关注公司在环境方面的表现，这样就给了企业无形的压力，它必然会披露环境会计信息。从全国范围来讲，实施环境会计是一个系统的工程。从丝绸之路经济带来讲，实施环境会计也需要一段很长的时间，由于它涉及的面比较广，内容也比较复杂，除了政府制定相关法律规范外，还需要加大在各省关于环保知识的宣传与教育，这样就可以充分加大舆论监督的力量。舆论监督的力量是不可忽视的，很多企业做假账和污染环境均是在社会公众的关注下发现的，比如哈药总厂的重大污染问题，陕西省东岭集团的铅排放超标问题等，这些都需要舆论的大力监督。因此，本研究提出丝绸之路经济带人民应该加大对环境问题的关注，且充分利用各大媒体来对环境问题进行舆论监督。

9.1.6 重视新预算法对地方政府的影响及加大环境保护的预算支出

预算法经过 10 年修法，在 2014 年 8 月 31 日第十二届全国人大常委会上表决通过了关于修改《中华人民共和国预算法》的决定，新预算法将于 2015 年 1 月 1 日起正式实施[79]。预算法素有"经济宪法"之称，对上至中央、下至基层政府的财税体制、预算管理和行政管理具有重大的影响。新的预算法有效地体现了"预算的统一性"和"预算的公开性"。旧预算法仅仅将财政收入纳入预算范围，并未将预算外收入资金纳入预算，如转让土地使用权收入、行政事业性收费、使用国有资产的有偿收入均属于预算外收入，这三项收入占到地方政府收入总额的 65% 以上。根据中国人民大学调研显示，有些地方政府的支出中有 40% 为其他支出，而针对其他支出列示不够明细，导致其他支出的内容较为多样，包括各种业务招待费。如根据新华网披露的中纪委的公告显示，江西省景德镇市的民政局通过其他支出购置了 8 套联体别墅，每套 255 平方米，配售给局级领导等。此外，有些地方政府部门利用其他支出修建办公楼等事项，这些充分说明了地方政府对预算支出未按照规定的预算用途执行。

我国各级政府财政部门从 2014 年开始正式编制公共预算、政府性基金预算、国有资本经营预算和社会保险基金预算等"四本预算"。新预算法体现三大特点：①全面性：新预算法的全文包括十一章一百条。具体来讲，新预算法要求地方政府所有的收入均纳入预算，所有支出也纳入预算。收入包括 6 大类、51 个条款、345 个目；支出包括 25 大类，203 款以及 1313 项，较为全面的规定了预算收入和支出的详细内容。②透明性：新预算法将预示着我国地方政府预算的透明性。在 2001 年普华永道对 35 个国家进行预算透明性的检测时，中国排名为第 35 位，即最后一名，充分说明了我国预算缺乏透明性；2009 年美国的 IBP 公司对 85 个国家进行预算透明性检测，我国依然排在靠后的位置，即第 63 名。但是，随着新预算法在 2015 年 1 月 1 日的施行，要求经过人大审核后的预算必须在 20 天后对外公布，这种透明性将与西方国家保持一致。③权威性：权威性是新预算法最为重要的特点。旧的预算法对于违反预算法的处罚非常简单和宽松，如仅有警告和记过，导致很多地方政府及部门领导均对预算不够重视。新的预算法对违反预算法的处理规定非常严格，保持了与西方国家一致的严格标准，包括四个等级，分别为降级、撤职、开除和刑事处分。

新预算法中一般公共预算支出是对以税收为主体的财政收入，安排用于保障和改善民生、推动经济社会发展、维护国家安全、维持国家机构正常运转等方面的收支预算。地方各级一般公共预算包括本级各部门（含直属单位，下同）的预算和税收返还、转移支付预算。旧预算法中提到地方政府必须首先保证法定性支出项目，如教育支出、科技支出、农业支出等，但是法定支出在以往年度中起到积极作用的同时，也同时固化了地方政府财政支出的结构，在一定程度上削弱了地方政府的宏观调控的能力。因此，新的预算法删除了有关法定支出的规定，要求保证基本公共服务合理需要的一般支出之外，可以安排重点支出和重大投资项目的预算。

新预算法中将一般公共预算支出按照其功能分类，包括一般公共服务支出，外交、公共安全、国防支出，农业、环境保护支出，教育、科技、文化、卫生、体育支出，社会保障及就业支出和其他支出[80]。2013年地方本级收入68969.13亿元，增长12.9%。加上中央对地方税收返还和转移支付收入48037.64亿元，地方财政调入资金149.74亿元，地方财政收入总量为117156.51亿元。地方财政支出119272.51亿元，增长11.3%，加上地方政府债券还本支出1384亿元，支出总量为120656.51亿元。收支总量相抵，差额3500亿元。

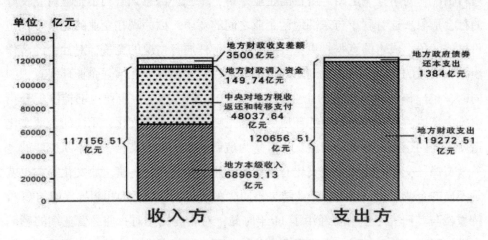

图9—1 2013年地方财政平衡关系

因此，新预算法影响了地方政府的预算内收入和预算外收入、一般支出和其他支出，其中包括了对环境治理方面的支出。也就是说在新预算法的影响下，未来的环境治理支出更加的规范和合理，使得未来的地方政府支出更具科学性和合理性。这样更能保证未来的环境治理支出。所以，丝绸之路经济带应该继续巩固新预算法对地方政府的影响，继续执行好新的预算法，重视新预算法对地方政府预算收支、债务管理等方面的影响，这样才能更好地加强和保证地方政府对环境污染治理方面的支出。

9.2 从丝绸之路经济带企业内部影响域提出相应的对策与建议

9.2.1 增强丝绸之路经济带企业的环保意识，构建环保型企业文化

环境会计若想在丝绸之路经济带顺利的实施，除了国家或者地方制定环境会计的相关法律规范或规章制度外，最重要的还是软环境的问题，即企业环保意识如何、管理层环保意识如何，以及员工环保意识如何。丝绸之路经济带能源丰富，其中有丰富的煤炭资源、矿产资源等，而其中有些资源是不可再生的能源，这就需要寻找替代能源的出现，同时也需要我们积极地保护环境和节约能源，而当然也就更需要企业披露对环境的利用情况和对环境的破坏情况，但是这些都需要企业应该具有较强的环保意识，具体可以从以下几个方面来看：

(1) 增强企业的环保意识。企业环保意识如何，直接关系着企业社会责任的履行情况，对于丝绸之路经济带的企业来讲，增强环保意识有利于企业树立良好的社会形象，这有利于与东部地区企业之间的竞争。因为现在企业的竞争不仅是价格的竞争、成本的竞争，更重要的是社会责任履行情况的竞争，对社会经济作出重大贡献的同时应该注意到对环境的破坏和利用情况。在增强企业环保意识的同时，也应该构建环保型的企业文化。在 2010 年颁布的《企业内部控制配套指引》中可以看到，在企业内部环境中较为重要的就是企业文化，不同的企业文化造就不同的企业，如成功企业文化有华为造就的是"狼"文化，玫琳凯造就的是"大黄蜂"文化，失败企业文化有安然的"压力锅文化"、富士康文化等。也就是不同的企业文化，造就的企业结果不同。美国知名管理行为和领导权威约翰·科特教授与其研究小组，曾经用了 11 年时间，对企业文化对企业经营业绩的影响力进行研究，结果证明：重视企业文化的公司，其经营业绩远远好于不重视企业文化的企业，11 年间的考察结果如下表 9—1 所示。

表 9—1 公司重视企业文化与否与其经营业绩对比研究

指标	重视企业文化的公司	不重视企业文化的公司
总收入平均增长率	682%	166%
员工增长	282%	36%
公司股票价格	901%	74%
公司净收入	756%	1%

因此，构建环保型企业文化，也会不同程度地提升丝绸之路经济带企业的社会形象，也会在一定程度上增加企业的绩效。环保型企业文化也是社会责任背景下丝绸之路经济带企业所应该追求的目标，所以企业应该抱着实现可持续发展的目标，在不断增强自身环保意识的同时，构建社会责任下的环保型企业文化，即构建良好的企业内部环境，为实现企业的高绩效目标和可持续发展目标而奋斗。

(2) 增强企业管理层的环保意识。一般一个企业环保意识如何，在一定程度上受其管理层的影响，管理层如果追求环境保护和能源节约的企业文化，自然而然会影响到企业环保意识的构建。因此，管理层的意识趋向直接决定着企业的环保意识趋向。

(3) 组织学习和培训，提高员工的环保意识。提高员工的环保意识对于一个企业来说尤为重要，只有基层人员环保意识较强，企业环保意识才能真正地提高。企业员工意识的提高，可以在很大程度上为企业节约成本，为社会节约能源，这样可以有效增强企业的竞争力。现代企业的竞争不仅仅停留在价格方面的竞争，而更应该重视在成本方面发挥优势，而这与员工环保意识的提高是分不开的，只有员工的环保意识增强了，企业才可以实现安全生产、节约能源，而且可以生产出高质量的产品，自然增强了在市场上的竞争优势，实现企业的可持续发展。

9.2.2 提高丝绸之路经济带企业会计人员的素质

从企业自身来讲，提高会计人员的素质是顺利实施环境会计较为关键的一步。由于环境会计涉及了环境学、会计学、环境经济学等多学科交叉，这对会计人员的素质要求就比较高，而不仅仅停留在原有的财务会计的核算上，而是要学会关于环境资产、环境负债、环境收入、环境支出等的确认、计量、记录和报告，而由于环境会计本身的特殊性，这些问题的确认和计量都存在一定的难度，这必然对会计人员的素质提出了更高的要求。这样企业可以从两方面来考虑提高会计人员的素质：一方面，企业可以考虑将会计人员送到设有环境会计专业的丝绸之路经济带的高校中进行在职学习，系统学习关于环境会计的相关内容，这样使得会计人员理论知识比较扎实，最终回单位进行实践工作，这样可以保证会计人员顺利接手相关环境会计工作；另一方面，丝绸之路经济带由于会计培训机构众多，可以找权威的培训机构来单位，对会计人员在环境会计方面进行专业的培训，这样也可以达到提高会计人员相关环境会计方面的素质，通过专业培训机构人员现场教授环境会计相关知识，有利于很好的在实际工作中运用环境会计内容。当然，这两方面目标的实现，必须有完善的外部条件，即高校必须设置环境会计专业和培训机构必须有环境会计的内容。

9.2.3 加大丝绸之路经济带企业对环境会计信息的披露

目前我国针对 16 类重污染企业实行的是强制性披露，其他企业实行自愿性披露。在自愿性披露中，大多数企业还是选择定性环境信息，因为定性信息的披露不会给企业造成太坏的影响，往往有很多企业担心如果披露定量信息，则会给企业造成一定的损失。不过，我们应该看到自愿披露定量信息还是有利好的方面，这不仅给企业带来物质上的奖励，也可以给企业带来荣誉上的激励，这样有助于企业良好形象的树立；有助于债权人对其的资金支持；有助于社会公众对其的信任。因此，在披露信息方面，丝绸之路经济带企业应该看到披露更多的信息给企业带来的无形收益。

当然，在披露方式的选择上，丝绸之路经济带的上市公司跟全国上市公司基本一致，多采用年报及附注的形式进行披露，这可能是由于企业担心环境信息的披露给企业造成不利的影响导致的。因此，丝绸之路经济带的企业应该主动采取不同的披露方式来进行披露，比如社会责任报告形式和单独环境报告形式，也是目前可以选择的方式，不一定要像国外一样采用独立环境会计报告，主要由于我国在独立环境报告方面没有规范。所以，企业可以选择适合自己的披露方式，从有利于自身的发展和社会发展的角度出发，披露环境会计相关的定性信息和定量信息。

从目前我国上市公司环境信息披露的 7 种方式来看，丝绸之路经济带上市公司披露环境信息方式的可选择余地较大。而不能仅仅局限于财务报告及附注和董事会报告的披露，应该更多地采用单独的环境信息报告进行披露，这样可以公布较为全面、有用和重要的环境信息内容。如日本颁布了《环境报告书指南 2003 版》和实施了《PRTR》（环境污染物质的移动、排放登记制度）[81]，对于企业都是很好的借鉴。

9.2.4 加强丝绸之路经济带企业内部控制制度的建设

由于国外和国内关于内部控制失灵的案例比较多，如国外的安然、世界通信、巴林银行、八佰伴等公司；国内的长虹、中航油等，均是由于内控失灵导致企业损失惨重的案例。而这些案例告诉了我们一个事实，企业内部控制就是管理，就是一切。另外，2008 年由于国际金融危机的爆发，导致一大批企业的倒闭和破产，这些都表明企业内控的重要性，这一背景也促使我国在 2008 年 5 月 22 日中国财政部、证监会、审计署、银监会和保监会五部委联合发布《企业内部控制基本规范》，自 2009 年 7 月 1 日起在上市公司范围内施行，鼓励非上市的中小型企业执行，这标志着中国版的《萨班斯法案》已正式启动。关于我国颁布的企业内部控制基本规范的内容可以用 5 个数字来概括，即 1 个概念、2 个内容、3 个主体、4 个目标、5 个原则或 5 个要素等，可见这次内容制定的科学性，而这一规范的颁布实际上也为企业建立内部控制有了一个总的原则和依据。但是具体如何建立切实有效的内部控制制度，在《企业内部控制配套指引》中有具体规定，即我国在 2010 年 4 月 26 日，财政部、证监会、审计署、银监会和保监会五部委联合并发布了《企业内部控制配套指引》，其目的是给企业提供了内部控制建立的具体操作指南，这是我国经过十年的时间，通过理论研究和实践调研相结合，颁布了这个科学的内部控制指南，这值得每个企业去科学地实行，因为企业应该意识到内部控制制度建立的科学与否，是企业自身的事情，建立的好坏也是企业自身的事情。因此为实现企业可持续发展，必须建立一套科学的内部控制制度。关于企业内部控制配套指引的具体内容如图 9—2 所示。

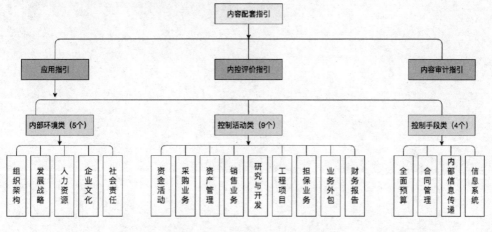

图 9—2　企业内部控制指引内容

从上图可以看出，在企业内部控制配套指引的 18 个内容[82] 中，最能体现环境会计内容的是社会责任指引，该指引界定了社会责任的概念就应该是企业在经营发展过程中应当履行的社会职责和义务，主要包括安全生产、产品质量（含服务，下同）、环境保护、资源节约、促进就业、员工权益保护等。这也充分体现了内部控制制度在制定过程中充分考虑了对环境的保护。

另外，企业应该在风险控制方面建立环境信息风险控制系统，不断强化企业管理人员和其他员工的环保意识，明确相应的经济责任，把环境效益纳入企业的绩效考核当中，这样非常有助于环境会计信息风险的控制和信息的沟通，从而不断地提高环境会计信息的透明度。

参考文献

[1] Smith.V.Environmental problems in China, estimates of economic cost[J]. New York:East——West Center Special, 1996 (2) : 71-73.

[2] Bartelmus Pete.Integrated environmental and economic accounting methods and application[J].Journal of Official Statistics, 1993 (9) : 179-188.

[3] Lars Hassel, Henrik NIisson, Siv Nyquist.The value relevance of environmental performance[J].European Accounting Review, 2005, 14 (1) : 41-61.

[4] Simone, Nadia, Valentina, Federico.Environmental accounting for the lagoon of venice and the case of fishing[J].Annali di Chimica, 2005 (3-4) : 143-152.

[5] Jason Chi-hin Chan, Richard Welford.Assessing corporate environmental risk in China: An evaluation of reporting activities of Hong Kong listed enterprises[J]. Corporate Social Responsibility and Environmental Management, 2005 (12) : 88-104.

[6] Muhammad, Steven Dellaportas.Perceptions of corporate social and environmental accounting and reporting practices from accountants in Bangladesh[J]. Social Responsibility Journal, 2011, 7 (4) : 649-664.

[7] Gary.R.H, Javad.M, Power.D.M, Sinclair.C.D.Social and environmental disclosure and corporate characteristics: a research note and extension[J].Journal of Business Finance and Accounting, 2001 (28) : 27-356.

[8] Eng.L, Mak.T.Corporate governance and voluntary disclosure[J].Journal of Accounting and Public Policy, 2003 (22) : 325-345.

[9] Brammers, Pavelins.Voluntary environmental disclosures by large UK companies[J].Journal of Business Finance and Accounting, 2006 (33) : 1168-1188.

[10] Karim.K.E, Lacina.M.J, Rutledge.R.W, et al.The association between firm characteristics and the level of environment disclosure in financial statement footnotes[J].Advances in Environmental Accounting&Management, 2006 (7) : 77-109.

[11] Montabon, Sroufe, Narasimhan.An examination of corporate reporting,

environmental management practices and firm performance[J].Journal of Operations Management, 2007 (25) : 998-1014.

[12] Tony.Eevironmental costing: a path to implemental[J].Australian Accounting Review, 2008, 10 (22) : 43-51.

[13] Shadman.MP, Fernandoc.S.Environmental risk management and the cost of captical[J].Strategic Management Journal, 2008 (29) : 569-592.

[14] 何利.国内外环境会计研究理论综述 [J].天津行政学院学报, 2012 (14) : 95-101.

[15] 梁小红.国外环境会计理论研究视域: 逻辑及启示[J].福建论坛, 2012(9): 27-33.

[16] 周守华, 陶春华.环境会计: 理论综述与启示 [J].会计研究, 2012 (2) : 3-10.

[17] 王芳, 鄢志娟.中日环境会计信息披露比较 [J].社会科学家, 2014 (9) : 73-77.

[18] 顾署生.基于传统会计视角的环境会计确认探讨 [J].生态经济, 2012(12): 83-86.

[19] 顾署生.论环境会计的确认 [J].河北学刊, 2013 (9) : 128-130.

[20] 朱小平, 孙甲奎.基于低碳经济的环境会计信息披露框架设计 [J].财务与会计, 2012 (8) : 30-32.

[21] 朱文莉,郑红.环境会计信息披露研究回顾与展望[J].财会通信,2014(7): 42-44.

[22] 陆小成, 祁琼, 侯祥.低碳发展视域下上市公司环境会计体系构建研究 [J].科技管理研究, 2015 (4) : 224-227.

[23] 夏孟余, 王依军.我国上市公司环境会计核算体系的构建 [J].商业研究, 2012 (3) : 79-85.

[24] 龚翔.论生态可持续目标下的环境会计报告标准化 [J].中南财经政法大学学报, 2012 (6) : 78-82.

[25] 蒲敏.低碳发展模式下企业环境会计信息披露模式探讨 [J].商业时代, 2013 (15) : 86-87.

[26] 杨红,刘俊丽.报表改进视角下环境会计信息披露模式研究 [J].会计之友, 2014 (3) : 75-80.

[27] 王琦，王燕.旅游上市公司环境会计要素确认与计量 [J].财会通讯，2015（1）：74-76.

[28] 刘儒眪，王海滨.国有上市公司环境责任与环境会计信息披露 [J].哈尔滨商业大学学报，2012（6）：71-76.

[29] 乔引花，王小红，李斌泉.环境会计在陕西的实施 [J].西安交通大学学报，2012（3）：28-32.

[30] 冯鑫.西部地区推行环境会计核算体系分析 [J].山西财经大学学报，2012（3）：164-165.

[31] 王泽淳.山东省上市公司环境会计信息披露调查研究 [J].会计之友，2013（7）：95-98.

[32] 简安.浅析四川藏区环境会计信息披露的现状 [J].中国商贸，2014（31）：139-140.

[33] 闫蕾.上市公司环境会计信息披露研究与分析——来自重污染行业数据 [J].财会通讯，2013（24）：21-23.

[34] 李胜红，张海燕.稀土行业上市公司环境会计信息披露分析 [J].财会通讯，2013（10）：17-19.

[35] 田祥宇，贺贝贝.煤炭上市公司环境会计信息披露研究 [J].会计之友，2014（3）：81-85.

[36] 米志强，谢瑞峰.上市公司环境会计信息披露研究 [J].会计之友，2014（29）：11-14.

[37] 岳燕.重污染行业上市公司环境会计信息披露分析 [J].会计之友，2014（21）：71-73.

[38] 刘梅娟，李永强，吴屹菲，张长江.我国林业上市公司环境会计信息披露研究 [J].农业经济问题，2015（1）：66-72.

[39] 姚燕，江燕红，支欣.生物制药上市公司环境会计信息披露统计分析 [J].财会通讯，2015（24）：17-20.

[40] 吴燕大，徐凤菊.造纸业上市公司环境会计信息披露探讨 [J].财会通讯，2015（22）：35-37.

[41] 李祝平，班慧芳，于浩.采矿业上市公司环境会计信息披露问题探究 [J].会计之友，2015（20）：21-25.

[42] 高建立，马继伟，李国红，肖艳，陈晓敏.上市公司环境会计信息披露

存在的问题与对策 [J]. 河北经贸大学学报，2013（5）：64-77.

[43] 谢芳，左志刚. 推动我国环境会计实施的突破口问题 [J]. 财会月刊，2014（6）：21-24.

[44] 于婧. 基于信息披露下的企业环境会计问题分析 [J]. 中国商贸，2014（26）：72-73.

[45] 孙再凌. 上市公司环境信息披露真实性的理论与实务透视 [J]. 会计之友，2014（3）：86-89.

[46] 林俐. 我国环境会计信息披露问题探讨 [J]. 四川农业大学学报，2014（2）：242-246.

[47] 初宜红. 上市公司环境会计应用探讨 [J]. 财务与会计，2012（3）：33-35.

[48] 李朝芳. 地区经济差异、上市公司组织变迁与环境会计信息披露 [J]. 审计与经济研究，2012（27）：68-78.

[49] 郭秀珍. 环境保护与上市公司环境会计信息披露 [J]. 财经问题研究，2013（5）：116-121.

[50] 王小红，王海民，雏洁. 低碳经济下上市公司环境会计信息披露实证研究 [J]. 财会通讯，2014（8）：13-16.

[51] 王小红，宋玉. 社会责任下西北五省环境会计信息披露研究 [J]. 会计之友，2014（18）：68-72.

[52] 杨璐璐，文笑. 上市公司成长能力对环境会计信息披露影响分析 [J]. 财会通讯，2014（10）：9-12.

[53] http：//www.clciu.org.cn/bencandy.php?fid=41&id=1015.

[54] M. R. Mathews. Twenty-five years of social and environmental accounting research：IS there a silver jubilee to celebrate?Accounting[J]，Auditing & Accountability journal，1997（10）：481-531.

[55] 王燕祥. 日本政府《环境会计指针 2002》述要 [J]. 冶金经济与管理，2004。（3）：43-45.

[56] 徐泓. 环境会计理论与实务的研究 [M]. 北京：中国人民大学出版社，1998.

[57] 孟凡利. 环境会计研究 [M]. 大连：东北财大出版社，1999.

[58] 李连华. 环境会计学 [M]. 长沙：湖南人民出版社，2001.

[59] 邱红木. 可持续发展战略与环境会计研究 [D]. 大连：东北财经大学，2004.

[60] 孙艳春，陈淑萍. 基于大循环成本理论的企业环境会计核算问题探讨 [J]. 沿海企业与科技，2007（2）：131-133.

[61] 李文彦，论和谐背景下的环境会计 [D]. 北京林业大学，2008.

[62] 翟新生. 自然资源会计——大循环成本理论具体运用（第1版）[M]. 成都：西南财经大学出版社，1997.

[63] 财政部会计司编写组. 2010 年企业会计准则讲解 [M]，北京：人民出版社，2010.

[64] 科技探索 [OL].www.sina.com.cn，2008.1.

[65] 低碳经济 [OL].http：//baike.soso.com/v246873.htm，2010.

[66] 加快经济发展方式转变 [OL].http：//www.qstheory.cn/tbzt/jkjjfzfszb/，2010.5.

[67] 气候变化与低碳经济 [OL]. 中国能源网——低碳经济，http：//www.china5e.com/special/show.php?specialid=107，2010.8.19.

[68] 李正，向锐. 中国企业社会责任信息披露的内容界定、计量方法和现状研究 [J]. 会计研究，2007（7）：3-10.

[69] 国家发展改革委. 关中——天水经济区发展规划 [R].2009.6.

[70] 贺小巍. 带着绿色进入"十二五"——访陕西省环保厅厅长何发理 [N]，陕西日报，2010.5.28.

[71] 蔡荣芳，尹玲燕. 试论环境会计信息披露 [J]. 经济师，2004（1）：219.

[72] 翟春凤，赵磊. 我国企业环境会计信息存在的问题及对策 [J]. 中国市场，2007(31)：73-74.

[73]Cooke．An assessment of voluntary disclosure in the annual reports of Japanese corporations[J]．International Journal of Accounting，1999(26)：174-189.

[74] 林杰斌，陈湘，刘明德.SPSS11 统计分析实务设计宝典 [M].北京：中国铁道出版社，2002.

[75] 蔡荣芳，尹玲燕. 试论环境会计信息披露 [J]. 经济师，2004（1）：219.

[76] 翟春凤，赵磊. 我国企业环境会计信息存在的问题及对策 [J]. 中国市场，2007(31)：73-74.

[77] 郝黎仁，樊元，郝哲欧 .SPSS 实用统计分析 [M]．北京：中国水利水电

出版社，2003.

[78] 秦嘉龙，吴玉芳．环境会计信息披露探究 [J]．会计之友，2010（8）：30-32.

[79] 杨博野．迎接新预算法 [J]．浙江经济，2014（18）：61.

[80] 第八届全国人大常委会，中华人民共和国预算法 [Z].2014.8.

[81] Watts，Zirnmerman．Positive Accounting Theory[M]．prentice-Hall international，2003.

[82] 李书锋，刘璐琳，李孟青．企业内部控制配套指引操作指南 [M]．中国市场出版社，2010.